森からの贈りもの

千年の歴史をひもとく

乾しいたけ

小川武廣

正誤表

●『乾しいたけ』の本文中に以下の誤りがありました。
お詫びとともに、訂正いたします。　女子栄養大学出版部

頁	該当箇所	誤 →	正
49	下段11行目	35（昭和14）年	39（昭和14）年
80	森喜作賞受賞者（第16回）	宇野信夫	宗野信夫

女子栄養大学出版部

森からの贈りもの

元会計検査院長
中村 清

このたび小川武廣さんは、『乾しいたけ――千年の歴史をひもとく』と題する本書を刊行することになりました。

日本人は、太平洋戦争中とその戦後の一時期まで、極端な食糧難と飢えを経験しましたが、それを抜け出した昭和30年代、ようやくバランスのとれた食生活をするようになりました。だが、やがて「豊食の時代」となり、今や「飽食・崩食の時代」になってしまったといわれています。

小川さんは、飢えから飽食・崩食への変転のすべてを体験してきましたが、その間にあっても、樹木や森に対する愛着と研究には、一貫して変わるところはありませんでした。

乾しいたけについて述べる前に、森林と小川さんとの関わりの一端をここで触れておきたいと思います。

小川さんは京都大学農学部林学科を卒業後、ただちに林野庁に入り、大阪営林局尾鷲営林署長などを歴任後、名古屋営林局経営部長を経て退官、日本椎茸農業協同組合連合会に入り、1998（平成10）年に同連合会会長、2011（平成23）年に退職しています。

同会長在任中にも、国内外で大いなる活動の実績を残しています。

公職を離れた後も含めて、残した図書・論文・随筆等の数も少なくありません。いずれも森その他の自然と文化に関するものであるといえましょう。

ところで、人には偶然の縁というものがあります。当時、私は直接林野庁を担当する立場になかったのですが、1968（昭和43）年、林業の現状を知る必要が生じ、北海道へ出張することになりました。林野本庁に在任していた小川さんが立ち会ってくださることになり、羽田空港で落ち合いました。札幌営林局では、筋の通った詳細な説明をとうとうと行う小川さんに感心しましたが、同時に、樹木に対する知識の豊富さと深さをじかに知ったところです。一緒にいくつか営林署も巡りましたが、森林等自然に対する一途な情熱に改めて感銘しました。

一方、北海道の各地に残る雄大な森の景色には心惹《ひ》かれるものがありました。もっとも、それは、北海道特有のものと、必ずしもいうことができないかもしれません。

「日本列島は、日本という国と同義ではなく、多様な風土と人間を擁する自然だ」と画家の岡本太郎は言っています。岡本太郎はフランスに滞在中、パリ西郊にある大きな森の中に通ったが、夜の森の闇と沈黙のなかにあっては、森の精霊と合一する体験を味わったとしています。事実、美術館では、絵画や写真などの作品で、森や樹木を題材にしたものが少なからずあるのも、森に対する彼の想いが強かったからではないでしょうか。

森への情熱という意味では、小川さんにも共通するところがあるといってよいでしょう。もちろん芸術家としてではありませんが、小川さんは、われわれの持つ森林の知識は10パーセントにも満たないという考え方を基にして、『森のことは森に訊け』という随筆を書いています。

森をいっそう知りたいという心意気を示したものにほかなりません。

乾しいたけについては、小川さんは「森からの贈りもの」という視点で取り上げています。

本書の特色は、9世紀から現代に至るきわめて長い期間の中国との交流——これを小川さんはシルクロードに因《ちな》んで「しいたけの道」と名付けている——を通じて、わが国で時代背景は異なっているものの、乾しいたけが、どのように評価され、どのように取り扱われてきたかを明らかにしています。その場合にも、乾しいたけの採取・栽培・流通・消費のそれぞれについて、可能な限り、乾しいたけ関係者の眼ではなく、客観的に捉《とら》えるよう心掛けた小川さんの姿勢が出ているとみてよいでしょう。さらにいえば、全体の内容を通じて、乾しいたけの食文化を構築したいという強い思いがあるといわなければなりません。

わが国が、先に述べたように、豊食の時代を経て、すでに飽食・崩食の時代に入っている現在、他に類例を見ない本書の内容は、食生活の改善を図る一環として、広く一般の理解を深める一助になると思いますし、しいたけ業界の展望指針としても、役立つものと考えています。

ここに、本書を広く各位に推薦する次第です。

2012年2月

はじめに

大正から昭和にかけての小説家、横光利一の代表作『旅愁』は、東洋と西洋の精神文化の違い相克をモチーフに、一群の男女の心理、生きざまを巧みに描いた物語である。

そのなかで、主人公が山荘に恋人とその兄を招いたときの台詞《せりふ》に、次のようなご馳走の由来が出ている。

「山にゐますとね、里にゐるときとは違つて、料理を作ることはたしかに面白くなるものですよ。御馳走といふ字も坊さんから出て来たといふの、よく分かるなア。日本の船がむかし椎茸を積んで支那の寧波へ行つたとき、あそこの坊さんの大将の、その日の務めの最大行事は、美味しいものを弟子たちに食はせることだつたものだから、山を降りてあちらへ走り、こちらへ走りして材料を調べに走り廻つた結果が、日本の椎茸が一番美味しかったといふところから、馳走といふ字になつたといふ説があるでせう」（原文のまま）

日本産乾しいたけが古い時代の中国で珍重されていたことをうかがわせる挿話であるが、往時、わが国で採れる乾しいたけの大半が中国へ輸出されていた。

国内でも昭和40年代末頃までは、乾しいたけは高級食材で、使われるのは、盆・正月・冠婚葬祭など〝はれの日〟に供されるご馳走に限られた。

現在でもときおり、乾しいたけは高いとか貴重品とか言う年配の消費者に出会うが、乾しいたけの往年のイメージが、今もなお、強烈に残っているのだろう。

昭和40年代後半頃からは高度経済成長で食生活が豊かになり〝はれの日〟のご馳走はしだいに色褪《いろあ》せ、乾しいたけの出番も減るかにみえたが、幸いにもその頃から、以前にも勝る力強い助っ人が現れる。自然健康食品ブームの到来である。乾しいたけはその花形として消費者の人気を呼び、消費は大きく伸び、日常食品化に一歩近づいた。

しかし、それも10年余りで、乾しいたけは厳しい冬の時代を迎える。

かなり以前から進んでいた外食化・簡便化など、食生活の変革は昭和50年代後半頃から急激にその歩を速め、家庭用消費が大きく減り出したが、乾しいたけは戻して料理しなければならない手間ひまのかかることから、より深刻な打撃を受ける。

それに追い打ちをかけるように昭和60年代に入ると、中国がしいたけの大生産国に変《へん》貌《ぼう》し、日本産の独擅場《どくせんじょう》であった香港・シンガポール・アメリカなどの海外市場はいうに及ばず、国内へも中国産が雪崩《なだれ》のように入り込んでくる。

中国産は日本産の半値以下で、希望する数量がいつでも簡単に入手できる、いわゆる安定供給が可能ということで、折から食生活の変革で伸びつつあった業務用のパイを広げはしたが、家庭用にも価格の安さを売り物に、年々そのシェアを広げていった。

中国産の内外市場への激増で、乾しいたけは需給バランスを崩し、慢性的な供給過剰状態に陥ってしまい、国産のみならず中国産の価格も低落していった。

生産者は、生産費をも割る値下がりが続いたことですっかり意欲を喪失し、1万トンを超えていた国内生産量は年々減少を続け、2006(平成18)年にはついに4000トンをも割ってしまう。

ところが、2007(平成19)年に入った頃から、乾しいたけの消費環境は再び劇的に変わりはじめる。この年、中国産野菜の農薬汚染や産地偽装が発覚、問題化し、さらに翌08年、有毒メタミドホス混入の中国産餃子《ぎょうざ》事件の発生で、中国産品はおしなべて敬遠され、国産志向が強まり、国産乾しいたけの価格が上向く。

今一つは、健康ばかりか、心まで蝕《むしば》むほどに乱れた今の食生活改善の動きである。2005(平成17)年には「食育基本法」が制定され、栄養、美味《おい》しさ、保健など、食の本来的機能の再認識が始まり、「まがいもの食品でない本物食品」がうける時代がやってきており、旬や自然食品・伝統食品に再び日が当たってきている。

以上が乾しいたけ史の概略であるが、その詳細は文献も少なく、ほとんどは歴史の闇の中に閉ざされ、断片的にしかわかっていない。

本稿は食品としての乾しいたけに焦点を合わせ、森喜作氏、中村克哉氏、福原寅夫氏の著作知見や、日本椎茸農業協同組合連合会発行の『椎茸通信』を参考に、巻末文献や幾人もの協力者の助けを借り、乾しいたけ食文化の歴史的事実を時系列・網羅的に捉え、現状に紙数を割き、将来展望にも筆をすすめた。

解せないのは、乾しいたけが文献に初めて姿をみせるのは、13世紀に道元が著した『典《てん》座《ぞ》教訓《きょうくん》』で、その前後、数百年間も記録を欠いていることである。並の食品ならいざ知らず、乾しいたけは当時、危険きわまりない海を越えて輸出されるほどの数少ない注目度の高い貴重品であっただけに信じがたい。

『典座教訓』によると、当時の中国では日本産乾しいたけにすっかりなじんでおり、ずっと以前から日本産がかなり入っていたことをうかがわせるが、それらの記録が中国にあってもよさそうである。

国内でも15世紀以前において、これだけの珍品を公家僧侶など上層階級は食べたに違いないのに、それもまったくわからないのは不思議で、国内・中国の文献を、さらによく調べてみる必要があるだろう。

それにしても、主食品ならともかく、嗜好《しこう》食品で一千年も今日性を持ち続けている食品はそれほど多くはない。乾しいたけは日本の食文化を形づくる食材の一つであるのは確かである。

目次

第二章　隆盛期・そして待ち受ける試練

目次

第三章　復活への課題と未来につなぐ灯

明日への道

生産・流通の課題

デザイン　野上幸徳（株式会社パルテノス・クリエイティブセンター）
編集協力　中島万紀

第一章

黎明期・希少価値の高い馳走

乾しいたけの歴史——9~13世紀

千年を超える長い歴史

わが国で乾しいたけがいつ頃から食べ始められたかははっきりしないが、9世紀頃、中国の食文化が入ってきた頃に違いない。おそらく、わが国で食べるというよりは中国への輸出が主目的だったのだろう。

生《なま》を干して食べる発想は古代中国人の優れた知恵で、干せば保存に都合がよいばかりか、うま味が増すこともよく知っており、乾物の多くは中国で生まれている。

乾しいたけ渡来の年代は定かではないが、弘法大師（774~835年）が唐（中国）から帰国後、乾しいたけの食習慣を伝えたといわれる。

当時、わが国はあらゆる文明文化を先進国の中国から学ぶのに懸命で、茶は9世紀初頭、僧の永忠が唐から持ち帰り、嵯峨天皇に献じた記録があり、乾しいたけも、弘法伝説はともかくとして、その前後とみておかしくは

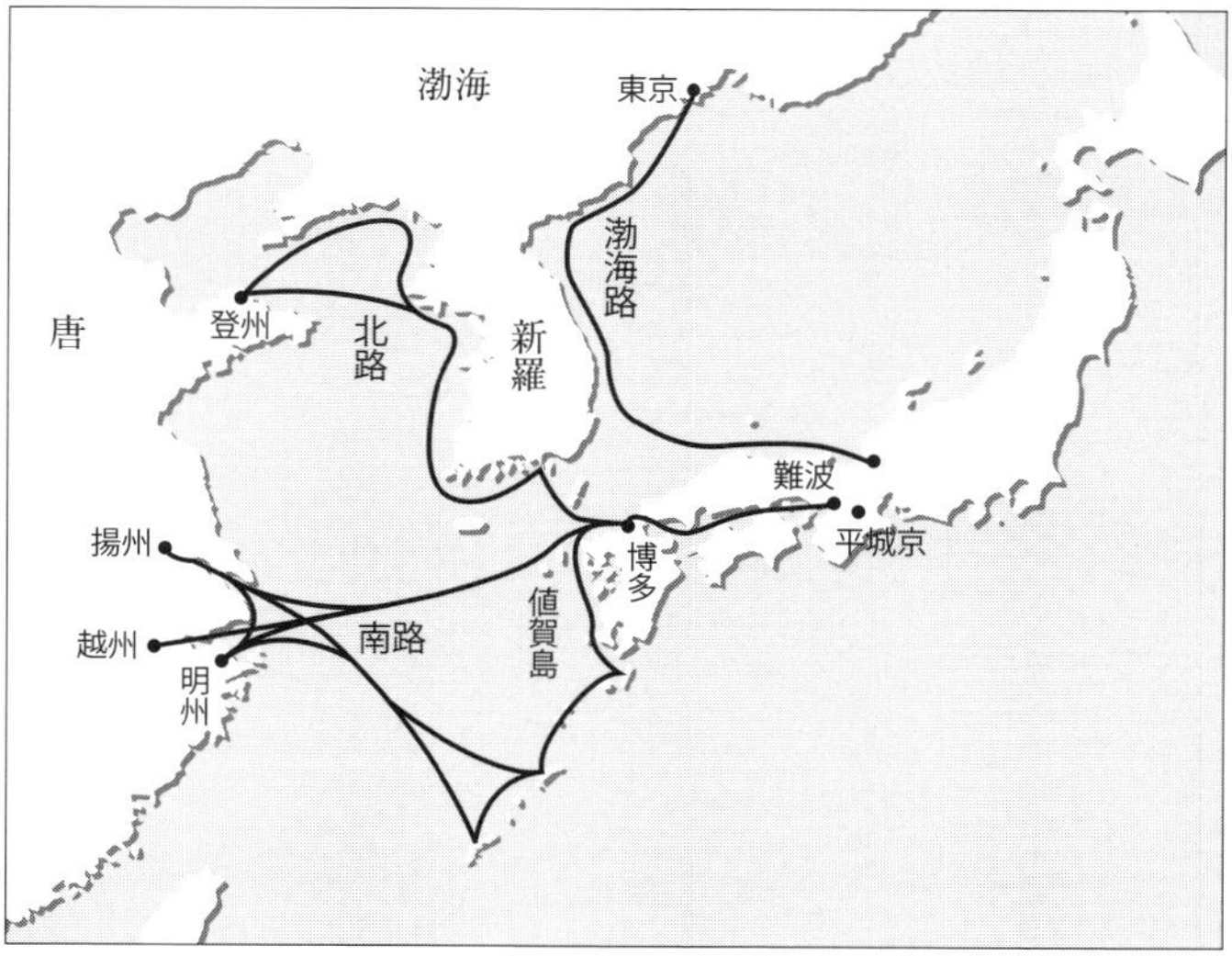

古代の日中交易路（海事博物館）

ない。

　中国文化の流入は894（寛平6）年の遣唐使の廃止で希薄となるが、960（天徳4）年、宋の時代に入って民間貿易が活発に行われるようになる。宋へ留学した僧たちや来日の中国人僧たちにより、寺院を中心に中国の食文化の伝播・同化は進んでゆくが、乾しいたけも入っていたと想像される。

わが国の乾しいたけのほとんどが中国へ

　文献に乾しいたけ（当時の呼び名は苔《たい》または椹《じん》。日本産は和椹）が初めて登場するのは、永平寺の開祖・道元が著した『典座教訓《てんぞきょうくん》』（1237年）で、仏法を学ぶため留学していた道元が中国の老僧（典座）から日本産乾しいたけを題材に教えを受ける逸話がいくつか記されている。

　中国への日本産の輸出は、おそらくわが国に乾しいたけの食文化が渡来した9世紀頃、同時に始まったのであろうが、当時は野生しかない時代で、わが国で採れる量もごくわずかしかなかったが、そのほとんどは中国への輸出に向けられていたのだろう。

　中国でもしいたけは採れたが、日本産は美味《おい》しさなど品質の点で、中国で採れるものよりも格段に優れていたからに違いない。当時、船の往き来もままならない遠い日本から高い金銭を支払い、わざわざ日本産を取り寄せたのは、中国が大国で財力もあったが、乾しいたけはそれだけ食材としての魅力があり貴重な存在であったのだろう。

『典座教訓』と乾しいたけ

　「典座」は台所を司る僧、つまり食事係であるが、禅宗では生活そのものが修行で、とりわけ典座は重要な仕事とされていた。『典座教訓』は、その心得というよりも禅の教えを説いた教本といってよい。

　この『典座教訓』に乾しいたけを題材に二つの説話が収められているが、2000（平成12）年の道元生誕800年祭では、「椎茸典座」という狂言にまでなっており、『典座教訓』の中で乾しいたけの存在感は大きい。

　道元は入宋時（1223年）、浙江省寧波の港に停泊中の日本船にしばらく留まっていたが、五月のある日、一人の老僧（典座）が日本から積んでいった乾しいたけを買いにやってきた。

　道元は、この蜀（四川省）生まれという老僧と言葉を交わすが、教えを乞《こ》うせっかくの機会と思い、船に泊まっていくようお願いする。

　ところが、老僧は「明日は五月五日の節句で私はみんなにご馳走を作らねばならないので、今日帰らねばならない」と断る。道元は「寺には典座が何人もおられるのだから、貴方一人がいなくても何とかなるのではないか」と重ねてお願いするが、老僧は「これこそ修行だと思っており、他の人に任せるわけにはいかない」と肯《がえ》んじない。

　道元は、それでもさらに「貴方ほどのお年で、弁道（座禅・念仏・お祈りなどをすること）や、古人の公案を読むこともしないで、わずらわしい典座の職につき、食事を作ることに何か良いことでもあるのですか」と尋《たず》ねると、老僧は大笑いして「貴方は外国からきた勉強熱心な好人だが、いまだ、弁道や文字の何たるかが分かっていないようだ」と厳しい答えを返された。

　道元は、この言葉に、はっと気がつき恥じ入りながら、「文字とはいかなるものですか、また弁道とはいかなることですか」と尋ねると、老僧は「今、貴方が尋ねたこと、そのことが文字であり、弁道で、その尋ねそのものに、つまずきや間違うことがなければ、それがすなわち、文字を学び、弁道修行をする人といえるのだ」と言う。

　道元は、そのとき、その言葉を理解できなかったが、その様子を見た老僧は、もし、まだのみ込めないようであれば、いつか私の育王山に来なさい、文字の道理をゆっくり話そうと言って立ち上がり、もう日が暮れそうだから、急いで帰らねばと呟《つぶや》きながら立ち去った。

　しばらく時がたち、道元が天童山景徳寺にいた頃、昼の食事を終え渡り廊下を歩いていると、用《ゆう》という老典座が仏殿の前でしいたけを日に干していた。老典座は日差しが強く敷瓦も焼けつくような暑さのなかで、笠もかぶらず、いかにも苦しそうである。背骨は弓なりに曲がり、大きな眉は鶴のように白い。

道元は近づいて、「しいたけを干すようなことを、どうして下々の者にやらせないのか」と尋ねたところ、老典座は「佗《た》は是れ吾にあらず（他人にやってもらったのでは自分がやったことにはならない）」と言う。道元はさらに「老僧は仏法に従い、あまりにも真面目すぎます。日差しも強いのに、どうしてこんなご苦労をなさるのですか」と問うと、老典座から「暑いといって、今でなければいつ、しいたけを干す時があるのかね」と返された。

道元は言葉に窮し、廊下を歩きながら、心中ひそかに典座職が大事な修行であることを悟った。

これらの逸話は、料理家・辻嘉一の『料理心得帳』や、横光利一の代表作『旅愁』にも取り上げられている。

古代の日中交易路

古代の交易路は3通りあり、7世紀には、難波を出帆、瀬戸内から博多、対馬を経て朝鮮半島の西岸沿いに北上、山東半島北岸の登州に達する「北路」（朝鮮半島の38度線付近から西へ転じ、黄海を横断するショートカット航路もあった）で往来していた。

しかし、8世紀に入って、新羅との関係が悪化し北路が使えなくなったことから、やむなく航海の危険な東シナ海横断の「南路」を利用せざるをえなくなった。

今一つの交易路は五島列島の福江島から奄美・沖縄の列島沿いに南下し東シナ海を横断し長江の河口に向かう「南島路」である。

乾しいたけは「南路」で輸出されていたが、当時の船は小さく航海はきわめて危険で、4艘のうち1艘、ときには2艘も遭難したというが、乾しいたけが積まれているのをみると、中国ではわれわれが想像する以上に乾しいたけを珍重していたに違いない。

宋時代の日中貿易品

宋からの輸入品……宋銭、書籍、陶磁器、香料、高級織物、薬品、茶

わが国からの輸出品……硫黄、木材、椎茸、刀剣、漆器、水、銀、蒔絵

室町〜江戸時代の乾しいたけ食文化・流通——15〜19世紀中頃

料理書への登場は16世紀に入ってから

わが国における乾しいたけの食の歴史は9世紀頃に始まったと考えられるが、15世紀までの６００年間、乾しいたけは『典座教訓』を除いて文献にはまったく現れない。この間、乾しいたけはほとんどが中国への輸出に向けられ、国内ではあまり口にすることがなかったからに違いない。

「椎茸」という文字が最初に記された文書は足利幕府の政所代・蜷川新右衛門の『親元日記』（１４６５年）で、伊豆の円成寺から足利義政将軍に椎茸を献上した記述があり、１４９６年、林宗二が著した辞典『節用集』には「椎耳」と記されている。

それから数十年、16世紀に入った頃から乾しいたけは料理書に現れるようになる。

小笠原政清著『食物服用之巻』（１５０４年）の點進

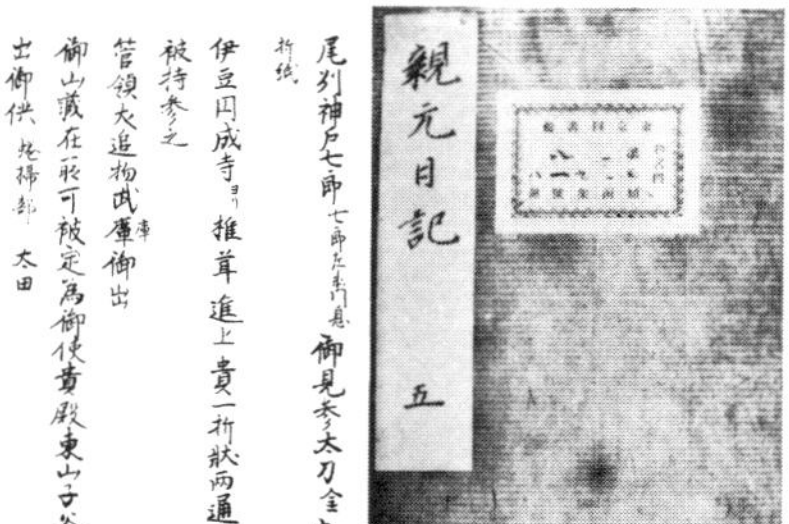

『親元日記』
（上野国立図書館所蔵）

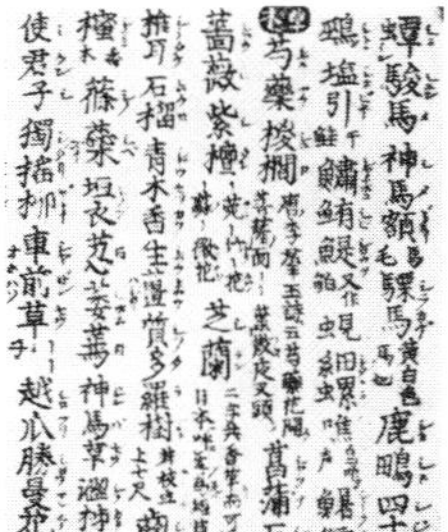

『節用集』
（福原寅夫所蔵）

(菓子)之図にしいたけの図が描かれているのをはじめ、『清良記』(1564年)には食用野菜として「椎茸」が載っており、『朝倉亭御成記』(1568年)には乾しいたけの菓子が出ている。

『大草家料理』(1573年)には「鷺と椎茸の酒蒸し」「鷺と酒と味噌に椎茸と茗荷と胡椒の煮物」など白鳥料理のにおい消しに乾しいたけが使われている。

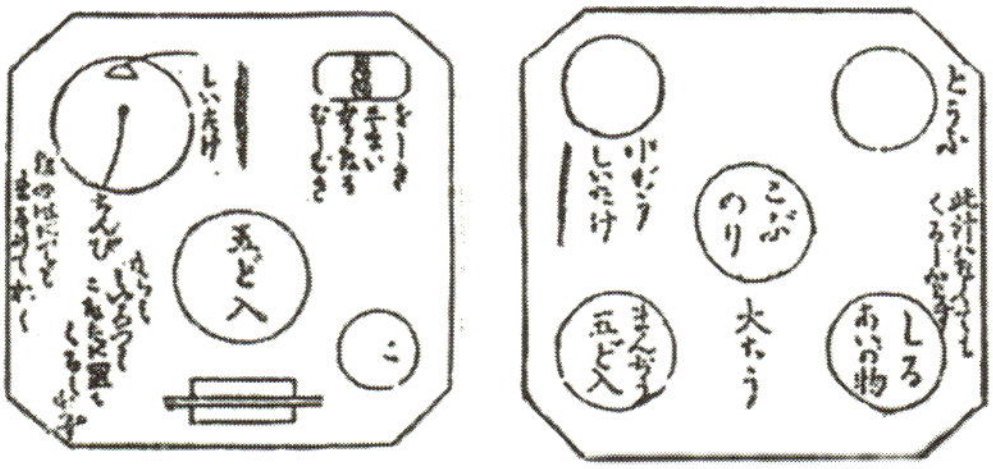

『食物服用之巻』・點進之図(福原寅夫所蔵)

また、『里う里之書』(1573年)には「芳飯(五目飯)に椎茸を調理して、別に盛る」、『合類日用料理抄』(1689年)には「干椎茸漬物」などの記述がある。

当時、精進料理には乾しいたけが入っていたようで、1581年、大徳寺真珠庵で行われた一休宗純百年忌の正餐の献立は、干瓢《かんぴょう》、煎昆布、椎茸、麩《ふ》、海鹿尾《ひじき》、牛蒡《ごぼう》になっている。

この時代、乾しいたけは菓子、精進、汁物、煮物などに使われている。菓子になっていたのは意外だが、当時、茶会の菓子は、柿、栗、蜜柑などの果物、餅の類、煮しめなどで、乾しいたけも煮しめ(含め煮)の一つだったのだろう。

江戸時代に入り、しいたけの人工栽培が始まり、天然採取に比べ生産量は格段に増え、市中への出回りが多くなったことで、乾しいたけの料理書への登場も多くなる。

この頃になると、乾しいたけは武士階級や町家《まちや》の分限者、やがて、庶民も口にできるようになるが、盆・正月・法事など〝はれの日〟のご馳走に限られ、汁物・煮物・五目ずしなどに使われた。

鎌倉時代、食べ物には貴賤があった

『徒然草』(1330～31年)には「食べ物には貴賤あり、

鯛や雁などはよく使われたが、余り尊重されず、鯉や鮎、雉それに松茸などが尊く見られていて、料理前に、その姿のまま貴人の目に触れても差し支えない」と記されている。
乾しいたけは出てないが、おそらく松茸と同等に見られていたに違いない。

室町～江戸時代の乾しいたけ料理

歴史に残るしいたけを使った料理は、1588（天正16）年、豊臣秀吉が聚楽第に後陽成天皇の行幸を仰いだときの料理が世に名高い。

乾しいたけは表（左ページ上）のようなもてなしの席の料理に使われており、最高のご馳走であったことがうかがわれる。

また、しいたけは数多くの料理書にも登場している（左ページ下）。

江戸時代からわかっていた乾しいたけの薬効

1630（寛永7）年に出版された『和歌食物本草』（著者不明）に、次のような歌がのっている。

香蕈は　あまくちんなり　むしのどく
おをくしよくすな　気をふさぐなり
しゐたけの　なまなるはどく　むしてほし
ふるきはさのみ　人にはたたらず
（しいたけはおいしく珍しいものであるが、気鬱にな

後陽成天皇聚楽第行幸・献上料理

本膳
一　焼貝
一　御汁　味噌焼独活入れて
一　ふねり味噌
一　御飯
二ノ膳
一　鱸焼物　鱚　土器　同じ盛り合せ
一　栄螺いえもり
一　鶉　やきて
一　御汁　鴈に芹入れて
御菓子
松露　椎茸　きんとん

歴史に残るしいたけを使った料理

1588（天正 16）年	豊臣秀吉が聚楽第に後陽成天皇の行幸を仰いだときの料理
1591（天正 19）年	豊臣秀吉が朝鮮出兵の際、肥前の名護屋に布陣中、博多の貿易商・神屋宗湛の屋敷に招かれたときの料理
1593（文禄 2）年	徳川家康が名護屋で茶会を開いたときの懐石料理
1595（文禄 4）年	豊臣秀吉が前田利家邸へ招かれた際の料理
1626（寛永 3）年	徳川家光が二条城に後水尾天皇の行幸を仰いだ際の料理
1682（天和 2）年	徳川綱吉による朝鮮通信使饗応の際の料理
1740（元文 5）年	徳川吉宗が勅使、冷泉前大納言為久・業宜前大納言頼胤を隅田川に招いたときの料理
1825（文政 8）年	徳川家斉が勅使、広橋一位・甘露寺一位の参府の際、接待した料理

しいたけが登場する料理書

『津田宗及茶湯日記』（1578 年）
『津田宗及茶湯他会記』（1583 年）
『今井宗久茶湯書抜』（1587 年）
『行幸献立記』（1588 年）
『利休百会記』（1591 年）
『南方録』（1593 年）
『文禄四年御成記』（1595 年）
『松屋久政茶会記』（1596 年）
『松屋久好茶会記』（1626 年）
『料理切形秘伝』（1641 年）
『魚鳥包丁次第』（1642 年）
『包丁秘密』（1642 年）
『料理物語』（1643 年）
『松屋久重茶会記』（1650 年）
『萬聞書秘伝』（1651 年）
『料理献立集』（1672 年）
『江戸料理集』（1674 年）
『利休茶湯書』（1680 年）
『合類日用料理抄』（1689 年）
『古今料理集』（1695 年）
『永代重宝記』（1695 年）
『茶湯献立指南』（1696 年）
『和漢精進料理抄』（1697 年）
『精進新料理』（1697 年）
『精進料理賞味集』（1697 年）
『当流節用料理大全』（1714 年）
『料理無言抄』（1729 年）
『料理綱目調味抄』（1730 年）
『献立懐日記』（1739 年）
『料理歌仙の組糸』（1748 年）
『ちから草』（1749 年）
『料理山海郷』（1750 年）
『粮浩斉料理』（1753 年）
『献立荃』（1760 年）
『新料理献立』（1770 年）
『新撰会席卓袱趣向帳』（1771 年）
『普茶料理』（1772 年）
『料理分類伊呂波包丁』（1773 年）
『新撰献立部類集』（1776 年）
『豆華集』（1784 年）
『会席料理集』（1784 年）
『卓子式』（1784 年）
『萬宝料理献立集』（1785 年）
『萬宝料理秘密箱』（1785 年）
『料理早指南』（1801 年）
『名飯部類』（1802 年）
『素人包丁』（1803 年）
『新撰包丁悌』（1803 年）
『会席料理細工包丁』（1806 年）
『料理簡便集』（1806 年）
『当世料理荃』（1808 年）
『江戸流行料理通』（1822 年）
『魚類精進早見献立帳』（1834 年）
『四季献立集』（1836 年）
『四季献立会席料理秘嚢抄』（1863 年）

など

るのでたくさん、食べないほうがよい。しいたけを生で食するのは有毒なので蒸して乾して食べなさい。古くなったしいたけもそれほど心配はなく、人に害を与えない。）

また、1669（寛文9）年に名古屋玄医（宜春庵、京都の生まれ）が著した『食物本草』や、山崎保春の『食物摘要大全』（1683年）には、乾しいたけの薬効を述べた中国明代の医家・呉瑞《ごずい》の『日用本草』（1329年）の「椎茸は気を益し、飢えず、風邪を治し、血を破る」を取り上げている。

人見必大の『本朝食鑑』（1697年）には「椎茸は、今や曝乾し以て四方に貨す。海西、山北の諸州多くあり、紀勢参駿甲などの山中にも亦多くあり、其の曝乾する者は経歳敗れず、収畜する毎に以て菜肴となす。若し不時生にせんと欲せば砂糖水中に漬すこと一カ月取出して煮るときは生鮮の如し。僧家最も賞用す」と、しいたけは保存が利き僧家で重用されていたことの記述がある。

各産地の乾しいたけは大坂へ

乾しいたけが商品として取引されるのは江戸時代に入ってからである。西南日本の各産地で生産された乾しいたけは、藩や茸座《きのこざ》（藩公認の乾しいたけ集荷人）で買い集められ、大坂を拠点とする乾物商（問屋）に集まるようになる。1736（天文元）年の『諸色大坂積登り高調』には、日向・対馬・大和・紀伊から諸藩荷請問屋などを通じ、乾しいたけが大坂の乾物問屋へ集まってきたことが記されている。

その少し前の1727（享保12）年には、大坂の乾物問屋の主だった者が集まり仲間（同業者組合）を作っているが、以来、大坂は昭和中頃まで乾しいたけの流通拠点として、その名を馳せることになる。仲間に入荷した乾しいたけは、入札で乾物問屋に販売され、全国各地の乾物卸商、乾物小売商へと渡る流通経路が確立し、乾しいたけを使うことが多かった江戸には回船を利用して江戸の乾物卸商に送り出された。

この時代、わが国は鎖国中ではあったが、中国へは、許されていたオランダ船で輸出されていた。

仲間（組合）の流通独占が崩れ、２組合体制へ

乾しいたけ流通を一手に取り仕切っていた大坂の乾物商仲間（15人）は、取引の公正と組合内の規律の保持に腐心、１７５３（宝暦３）年に次のような申し合わせ（覚書）をしている。

取引は入札制にし、相対売買を絶対にしないこと、量《はか》り桶を新調するときは必ず組合が立ち会うこと、使用人の店替えは認めないこと、問屋が市を開くときには行司の手を通じて全組合員に知らせることなどである。

しかし、乾しいたけの取引量はしだいに増え、仲間に属さない非組合員の売買への参入で、仲間の独占体制は崩れ、１７５９（宝暦９）年にはほかに新しい組合が結成された。以後、従来からの組合を「古組」、新しい組合を「真組」と称し明治維新まで続いた。

また、大坂の一部の乾物商は公許の江戸積乾物問屋を結成し江戸への乾物の独占を狙って新規参入を阻止していたが、組合が自由に作れるようになり、疎外されていた大坂、神戸の乾物商は１８５１（嘉永４）年、新たな「仮組」を作り、江戸との取引を始めた。しかし、互いが足の引っ張り合いをするなど弊害もあり、１８５７（安政４）年、合併している。

乾しいたけは容積で計量されていた

江戸時代、大坂での椎茸取引は容積による計量で、「斗桶」または「椎茸枡」を用いていた。

計量容器は１７２７（享保12）年の取り決めで、三つの焼印を作り、新しい桶ができると仲間内で検査し焼印を

椎茸枡（使用年代不詳）
（福原寅夫所蔵）

焼印

口壱尺一寸四分
底口壱尺三分
深六寸九歩

大坂干物屋中未之極干物桶

大坂問屋中

桶に施し、計量の正確さを期していた。

枡目取引の場合、「山盛り」にするか、「すり切り」にするかが問題で、初めの頃は山盛りにしていたが、手加減で量が異なることから、後にすり切りが一般化した。ただ、実際の取引では、いっぱいに、7とか8とかを掛けて正味数量にしていた。

室町~江戸時代の乾しいたけの価格

長い間、しいたけは貴重品で価格は高かったが、文献から拾ってみると表（左ページ上）のようになる。

また輸出価格についても表（左ページ中）にまとめた。

室町~江戸時代の物価（概算）

室町時代は、金1両＝銀50匁＝銭4貫＝4000文、米1石＝1300文

江戸時代には経済規模の拡大もあって米1石は1両と3倍に値上がり

幕末時代の乾しいたけ輸出

乾しいたけは、鎖国時代もオランダ商船で長崎から中国へ輸出されていたが、1853（嘉永6）年、ペリーの浦賀への来航で開国、それ以来、横浜・箱館（函館）などからも輸出されるようになった。

乾しいたけは横浜港においては、表（左ページ下）のとおり全輸出額の1％前後を占めていた。

乾しいたけの国内価格

年代	単位・量	価格	出典
1580（天正8）年	斗	銭900文	『京都・真珠庵文書』
1585（天正13）年	斗	米286合	『大和・法隆寺文書』
1629（寛永6）年	斗	銀5匁	『東福寺文書』
1630（寛永7）年	10個	銀0.83匁	『真珠庵文書』
1635（寛永12）年	斗	銀20匁	
1636（寛永13）年	斗	銀9匁	『龍光院文書』
1637（寛永14）年	斗	銀10匁	『真珠庵文書』
1639（寛永16）年	斗	銀14匁	『真珠庵文書』
1696（元禄9）年	10貫匁	銀約100貫目	『広益国産考』（大蔵永常著）
1736（元文元）年	790石650合	銀111貫78匁	『大坂乾物商史』

乾しいたけの輸出価格

年代	単位・量	価格
長崎居留地での外国商人との取引価格		
1863（文久3）年	2,109ピクル	45,210ドル
1865（慶応元）年	1,270ピクル	16,824ドル
1867（慶応3）年	2,562ピクル	102,480ドル
箱館港からの輸出価格		
1866（慶応2）年	3.5ピクル	200ドル
1867（慶応3）年	1.5ピクル	54ドル

幕末時代の横浜港における乾しいたけ輸出

	椎茸輸出高	椎茸輸出額	全輸出額に占める割合（%）
1861（文久元）年	1,015担	16,580ドル	1.35
1863（文久3）年上半期		25,964ドル	0.57
1866（慶応2）年	253,412斤	66,821両	0.99
1867（慶応3）年	286,935斤	76,195両	1.08

幕末貿易史・山口和雄

1860年代のわが国からの主要輸出品目

生糸・茶・蚕卵紙で、綿花・水産物・油・銅・木蠟がそれに続いていた。

しいたけの人工栽培が始まる

しいたけの人工栽培が最初、どこで始まったかは諸説ある。

巷間、広く流布しているのは寛永（17世紀）の頃、豊後の国、千怒《ちぬ》の浦の炭焼き、源兵衛が始めたという説で、これは小野村雄著『椎茸栽培の秘訣』（昭和5年版）のなかで紹介されている。

源兵衛は、炭焼きのナラの残材に多数のしいたけが発生しているのを見て思いつき、いろいろな経験を重ねるうち、原木に鉈目《なため》を入れると結果がよいことや、ナラ、クヌギが栽培に適していることを発見し、ついにはしいたけの発生を促すための浸水打撲まで考えついたとされている。大分県津久見市や同県宇目町には昭和の代になって源兵衛の像が、また、同県豊後大野市には椎茸発祥の地の碑が建立されている。

しかし、この源兵衛開祖説には中村克也が『シイタケ栽培の史的研究』のなかで、史実の裏付けや、小野村雄の著書以前に、大分県には源兵衛説の伝承がないこと、また、これほどの広範囲の技術を源兵衛ひとりの手でやり遂げるには、かなりの無理があることなどを挙げ、疑問を投げかけている。

今一つは伊豆説で、こちらのほうが豊後説より説得性は高い。

しいたけ栽培を伝えるもっとも古い資料は、豊後・岡藩城主・中川家の記録で、1664（寛文4）年、しいたけの栽培技術を導入するため伊豆の国・三島の駒右衛門を招いたことが記されており、伊豆が豊後よりしいたけ栽培の先進地であったことをうかがわせる。

『椎茸養生法』（田中鳥雄著、1896年）には「伊豆に於いてシイタケの人工栽培の始まった年代はよく判らないが、『刻み（鉈目）』の起源について、元禄時代（1688〜1703年）、湯ヶ島の或る人が天城山中でシイタケ用材を伐り目印に鉈痕を付けておいたところ、そのものによく発生したところから『刻みを入れる』と称して『刻み』を入れる技術が行われるようになった」と記載している。

また、1744（延享元）年には、幕府の三島代官、斉藤喜六郎が湯ヶ島口の山守、板垣勘四郎をしいたけ栽培の師として駿河の安部郡有東木村に派遣した資料や、伊豆の石渡清助、山崎善六らが1764（明和元）年から

『熊野物産初志』
（1848年）

『和漢三才図会』
（1713年）

1784（天明4）年、伊豆から遠州にかけて手広くしいたけ栽培に取り組んでいた記録も残されている。

1800年代に入っては、豊後・佐伯藩の茸山の杣頭《そまがしら》に伊豆の斉藤重蔵がなっており、しいたけの栽培技術を地元民に伝えたという記録もある。

伊豆、豊後以外の地域では、津藩が1700年代末にしいたけ栽培を直営事業で行っており、1800年代には、紀伊藩、徳島藩、山口藩、高知藩、人吉藩、鹿児島藩、名古屋藩、盛岡藩、宇和島藩、さらには北海道にまで栽培は広がっている。

この時代の栽培はいずれも自然力中心の原始的な方法ではあるが、1945（昭和20）年すぎまで続けられていた。

人工栽培の起源については、ほかにも、室町時代、西国で勢力を得ていた大名の大友氏が中国（明の時代）から栽培技術を導入したという説もあるが、出所は明らかでない。

なお、中国でのしいたけ栽培は、浙江省慶元県において呉三公（1130年生まれ）がしいたけ栽培を教えた

のが始まりといわれており、わが国より500年以上も前である。

慶元県松源鎮には呉三公を祀った「松源殿（西洋祖殿ともいう）」があり、参拝する人が絶えない。

江戸時代のしいたけ栽培書

しいたけ栽培は本草書や農書で取り上げられているが、断片的な技術を述べたものがほとんどである。

そのなかで、『温故斉五瑞編（驚蕈録）』（佐藤成裕著、1796年）は、栽培全般の技術書で、原木の選び方から伐採時期、伏せ込み、浸水打撲、採取、乾燥に至るまで詳述している。

中国の『広東通志』（1562年）を参考にしたと思われるが、次のように記されている。

「香蕈は、惟だ深山至隠之処に之有り、其の法、乾心木、櫛欖木を用い、名づけて蕈檽と曰《い》う。先ず深山の下に就きて斫倒して地に仆し、斧を用って斑駮して木皮の上に刻し、淹湿するを俟ちて、経ること二

椎茸炮爐図
『香蕈播製録』より

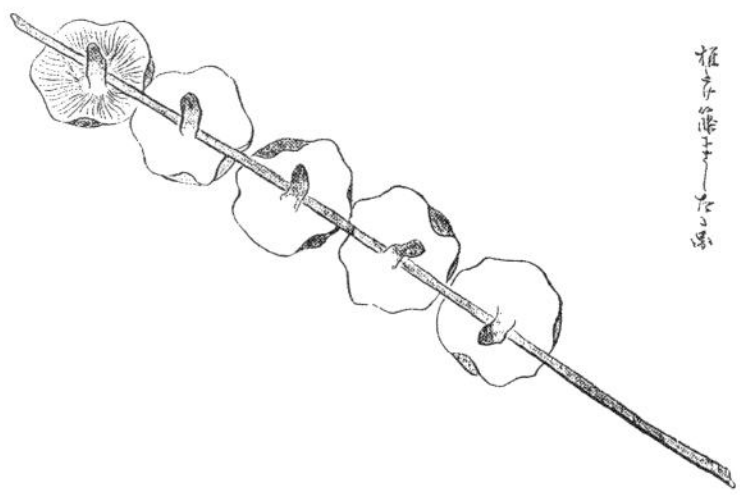

しいたけを篠にさしたる図

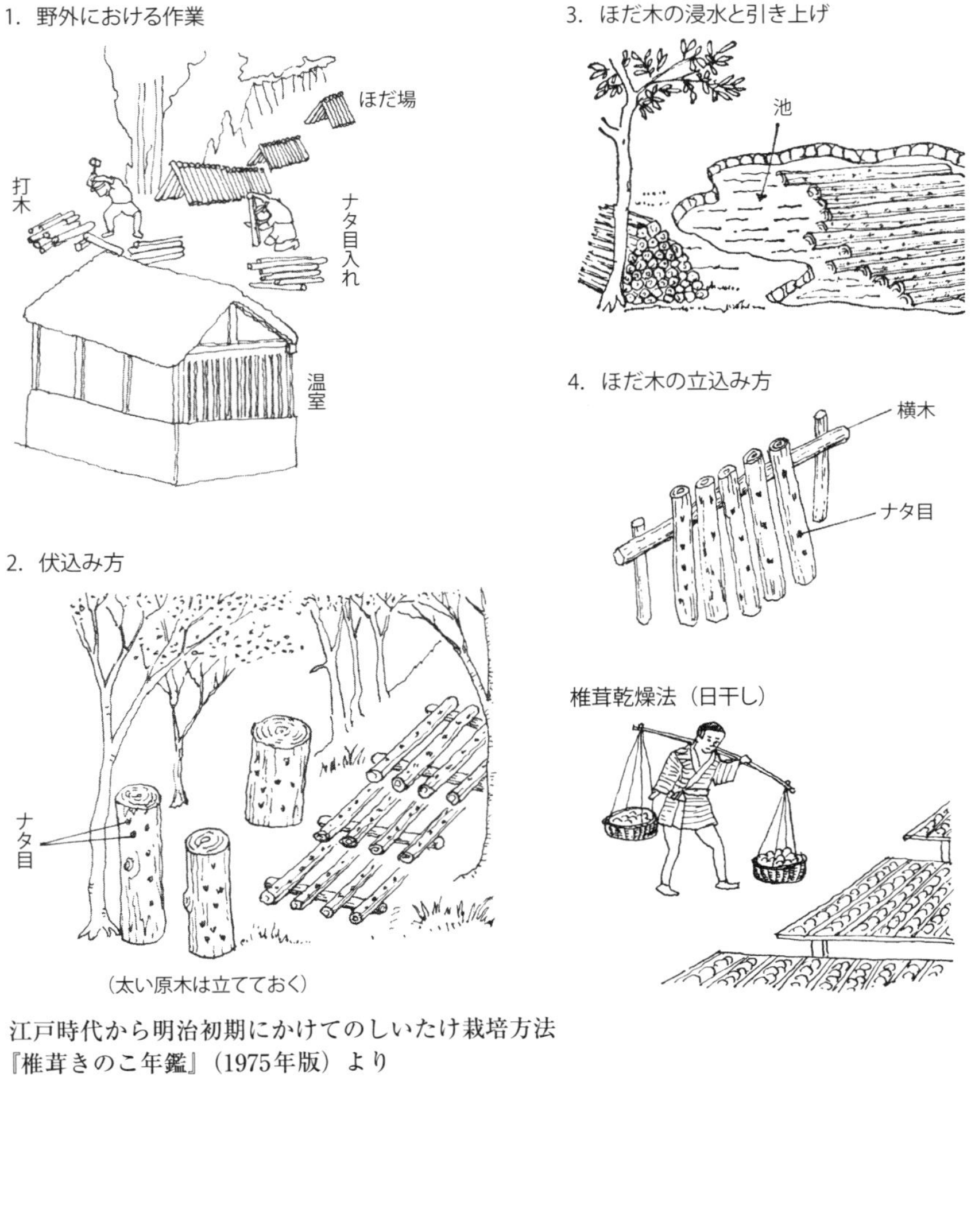

江戸時代から明治初期にかけてのしいたけ栽培方法
『椎茸きのこ年鑑』(1975年版) より

年、始めて開出す。第三年に至りて蕈乃《すなわ》ち遍《あまね》く出ず、毎《つね》に立春を経たる後、地気発洩し、雷雨震動すれば、則《すなわ》ち交《こもご》も木より出で、工始めて採取し、以て蔑に升り、穿掛けして焙乾す。秋冬の候に至り、再び工を用い、木を編って敲撃せば、其の蕈、開出す。名づけて驚蕈と曰う。惟だ雨を経れば則ち多きを出だす。処製、又春法の如し。但だ春蕈の厚きに惹かざるのみ、大率、厚くして小なる者は、味・香、倶に勝る。又一種有り、適々清明に当り向日の処間々小蕈、木上に就きて自ら乾く、名づけて日蕈と曰う。此の蕈、尤も佳なり。但だ多く得べからず。今、春蕈、日を用いて曬乾するもの、同じく之を日蕈と謂う。香・味、亦佳なり」

また『陽春県志』（１６８８年）の「凡そ、菌、六、七月間、湿熱蒸すや、山中に生ずる者、甘滑にして食す可し、夜、光有り、及び煮て熟せざる者、煮訖りて、湯の人を照らして影無き者、上に毛有りて下に紋無く、仰巻の色赤色なる者は、毒ありて人を殺す。夏秋の間、蛇虫吐涎するを以て生ずる也」を引用、有毒のツキヨタケにも触れている。

『香蕈播製録』（秦檍丸著、１８０２年）は、しいたけ乾燥法が主体の書で、竹串の刺し方・火力の扱い方・乾燥小屋など串子乾燥法を記している。

乾しいたけの起源 ◉

乾しいたけの食文化は9世紀頃、中国から渡来したと考えられるが、中国では、浙江省余姚河の河姆渡《かぼと》遺跡（紀元前5000~4500年頃）から、きのこが出土している。

時代はくだって、『呂氏春秋』（前239年）や『礼記《らいき》』（戴徳・戴聖〈前漢時代〉、周から漢にかけての礼に関する書物を編纂）、『博物志』（張華、3世紀後半）、『斉民要術』（賈思勰、6世紀中頃）などにもきのこの記事はみえる。

唐時代（618~907年）に入ると、きのこは詩文の中にも出ており、五代時代（907~960年）のはじめ、韓鄂の著した歳時記『四時纂要』（年代不詳）には「木耳《きくらげ》」と「菌《きのこ》」が記されている。

また、北宋時代の詩人、蘇東坡（1036年生まれ。食通で料理も作った）の詩の中に「雪菌」「黄耳菌」「乾菌」が出ている。

南宋時代の1209年に出版された『龍泉県誌』（何澹）には「香蕈（乾しいたけ）」と栽培法が掲載されているが、呉三公（1130年、浙江省慶元県生まれ）は、それよりも数十年以前に農民にしいたけ栽培を教えたといわれている。

以降、香蕈は中国最古の菌類辞典『菌譜』（陳仁玉撰、1245年）や『菌子』（王楨、1313年）に、また『日用本草』（呉瑞、1329年）には「椎茸は気を益し、飢えず、風邪を治し、血を破る」と記されている。

河姆渡文化遺跡

紀元前5000~4500年、浙江省の杭州湾南岸から舟山群島にかけての地域に存在した新石器時代の遺跡で、1973年に発見された。

千年の歴史を刻む、しいたけの道 ◉

東洋と西洋を結ぶ古代の交通路に有名なシルクロードがある。中国産の絹がこの道を通じてインド・イラン・ローマなどに運ばれたことに由来している。

果てしもなく続く砂漠や草原、山岳の長い道をさまざまな人々、産物がいくつもの時代を超えて行きかい、数々の物語、ロマンもそのなかで生まれたことであろう。

シルクロードは、今は途絶えてしまっているが、日本と中国を結ぶしいたけの道は、わが国から中国への輸出が始まった9世紀の時代から千年有余の長い間、途切れることもなく、現在も生き続けている。

しいたけの道が歴史に姿をみせたのは鎌倉時代である。道元の著した『典座《てんぞ》教訓《きょうくん》』の中に、仏法を学ぶため中国へ留学していた道元が乗っていた日本商船に、老典座（食事担当の僧）が日本産乾しいたけを買い求めにきたことが記されている。

また、徳川幕府の鎖国時代、許されていたオランダ貿易で、しいたけが中国へ出ていたことが、オランダ商館の文書に記録されている。

明治時代に入って統計が整備され明らかになるが、中国への輸出量はわが国の乾しいたけ生産量の9割にも及んでいた。大正時代の中頃、やっと輸出と国内消費が半々に、昭和時代末においても、輸出先国は増えてはいたものの、国内生産量の4分の1は輸出に向けられるなど、しいたけの道はよりしっかりと刻まれ、揺るぎはなかった。

ところが、1985年頃から、中国がしいたけの大生産国へと変身を遂げたことで、わが国からの海外への輸出は国内生産量の1%にも満たない数量にまで激減してしまった。

それだけにとどまらず、わが国への中国産輸入が年毎に増え、今では消費量の7割を占めるまでになっている。

ただ、この〝しいたけの道〟を証する文献はごく限られており、上記の『典座教訓』、江戸時代の『オランダ商館日記』（1785年、長崎から中国に干椎茸1265斤輸出）以外、江戸時代、しいたけの流通を一手に握っていた阪神の椎茸問屋にも記録はなく、ほかに文献は見当たらない。

中国の文献に日本産の記述があるのではと思い、知り合いの中国のしいたけ関係者2人に問い合わせてみた。

中国・浙江省慶元県在住の甘張飛氏からは、宋時代の陳仁玉撰『菌譜』や『东南海域一千年——历史上的海洋中国与対外贸易』『宋代海外贸易』『明代海外贸易制度』など調べたが、まったく見当たらないとの返事があった。

また、北京・中国社会科学院の曹斌氏は、『宝慶四明志』（巻六、1225年）には、高句麗からの朝貢貿易のなかに34種類の品目が載っており、しいたけも入っているが、それ以外の文献は見当たらないという。

世界の交易史に残るであろうしいたけの道の存在は疑いもないのに、このままでは世に広く知られることもなく消え失せてしまうに違いない。

◉しいたけと茶

食べ物、飲み物の違いはあるものの、しいたけと茶は、いずれも千年を超える長い間、嗜《たしな》まれてきた、わが国の代表的な伝統食品である。

しいたけ・茶は9世紀頃、ともに中国から伝えられたが、茶のほうが少し早く、9世紀初頭、唐から帰朝した永忠という僧侶が土産に持ち帰った茶を煎じ嵯峨天皇に献じた記録がある。また同じ頃、伝教大師（最澄）が唐から茶樹の苗木を持ち帰り比叡山に植えたといわれる。

しいたけは数十年遅れて、弘法大師（空海）が唐でしいたけを知り、帰国後、わが国にも生えていたしいたけを干して食べることを人々に教えたと言い伝えられている。

伝教大師・弘法大師が茶・しいたけの渡来にそれぞれかかわっていたという話はいささかできすぎのきらいはあるが、当時、わが国は中国からいろんなことを学んでおり、この頃入ってきたに違いない。

それから300年近く、しいたけ・茶はともに書物・文献にはほとんど現れず、再び登場するのは12世紀後半から13世紀前半にかけてである。

このときも、やはり茶が先行しており、鎌倉時代の高僧・栄西が1191年、宋から新たに茶の木と緑茶の製法を持ち帰り、筑前・京都ほか全国へ広げた。一方、しいたけは、永平寺の開祖・道元が1237年に著した『典座教訓』のなかに登場するが、それも、わが国から中国へ輸出されたしいたけで、おそらく中国よりも品質の良いものが採れたのだろう。

臨済宗は栄西、曹洞宗は道元によって中国から伝えられたが、茶・しいたけにそれぞれ、かかわっているのは興味深い。

さらに15世紀後半から16世紀にかけて、茶は「茶の湯」、しいたけは「懐石料理」のなかで花を開かせる。

しいたけと茶は長い間、このように何度も競い合うように登場しているが、両者には大きな相違点もある。

一つは、しいたけはもともと、わが国にも生えており、干して食べることは中国から学んだが、品質はわが国のほうが昔から勝っていた。一方の茶は、飲み方も茶の木もわが国にはなく、中国から入ってきている。

今一つは、茶はわが国で嗜《たしな》むために入ってきたが、しいたけは中国への輸出が主目的で、それは大正時代の半ば頃まで続いていた。

室町時代の公家の食べ物 ◉

公家の『山科言継卿記《やましなときつぎ》』は、1527（大永7）年から1576（天正4）年までの50年間にわたり日々の飲食について克明に記しているが、食べ物に次のようなものが挙がっており、しいたけも入っている。

茄子　大豆　蔓草　芹　菊　若菜　薯蕷　芋　茎立《くくたち》
山葵　蕨　牛蒡　蓮　蒜　野老《ところ》　土筆　瓜　唐瓜　白瓜　梅　杏　梨　岩梨　柿　柿（木錬）　熟柿　桃
山桃　栗　胡桃　枇杷　蜜柑　金柑　筍　松茸　椎茸
鮒　鯉　海糠《あみ》　鰹　鮎　鮟鱇《あんこう》　鱧《はも》　擁剣《かざめ》　鯛　くまひき　蛸　鮭　鱈　烏賊　梭魚《かます》　河豚　えそ　飛魚　鰈
鮲《いなだ》　雑魚　海老　大蟹　栄螺　海鼠　鮑　蛤　牡蠣
蝦蛄　海胆《うに》
昆布　若布《わかめ》　海雲《もづく》　青海苔　甘海苔
鴈　鴨　雲雀　雉　菱食
鹽引　荒巻、鯨の荒巻　干魚　干河豚　干鯛　乾鮭
無鹽鯛　熨斗鮑　するめ　熨斗烏賊　いりこ
鮎のうるか　はららご
鯉さしみ　鮒の膾　鮎の鮓《すし》　土長鮓《どぢょうすし》
豆腐　田楽　納豆　濱納豆　蒟蒻　法輪味噌　焼味噌
醤　蒲鉾
饂飩《うどん》　素麺　切麺《きりむぎ》　入麺《にうめん》　蒸麺《むしむぎ》　熱《あつ》麺　冷《ひや》麺　ぬる冷麺
草餅　餅入采　餅（茎立入）　蕨餅　餅葩　餅（入豆腐）　粟の餅　砂糖餅　餅善哉　餅雑煮　檀供餅　阿古屋（子団子）　饅頭　羊羹　煎餅　きんとん　紅糟
粽《ちまき》　亥子餅　芥子餅
串柿　搗栗
杏梨煮　杏李煮
あさあさ香物　奈良漬　浅漬
饂飩の吸物　入麺吸物　冷麺吸物　蒸麺吸物　吸物（壁に餅入）　吸物（入苔茯）　吸物（餅入蔓草）　吸物（餅に松茸壁入）　吸物（餅茎立）　松茸の吸物　鯉の吸物　鯛の吸物　鯨の吸物　餅の吸物　雑煮の吸物
蕨汁　筍汁　松茸汁　さくさく汁　いくち汁（きのこ）　滑薄《なめすすき》の汁　疑冬汁　鱈の汁　狸汁
雁汁　筍に雁の汁　雁とろろ　食《いひ》汁　湯汁
湯豆腐
粥　白粥　赤粥　重湯　湯漬　雑炊
飯　強飯《おこは》　麦飯　赤飯　豆の飯　蓮飯
干飯
酒　焼酎　桑酒　錬貫酒
茶

◉乾しいたけは、わが国が元祖という説

1903（明治36）年、第五回内国勧業博覧会が開かれ、

乾しいたけも出品された。その乾しいたけについて大阪の椎茸商仲間組合は次に挙げるような「第五回内国勧業博覧会出品解説書」を付けている。

「蓋シ本邦ニ於テ椎茸ノ発生シ之ヲ乾固セシムルノ方法ヲ按出シタルハ何レノ世ナルヤ知ルコト難シ伝ヘ云フ古昔仲哀天皇神功皇后ト共ニ熊襲ヲ征討アラントシテ筑紫橿日ノ宮ニ行幸アラセラル時ニ行宮近接ノ森林中椎樹ニ一種ノ菌蕈ヲ生ス土人採リテ上ル芳香馥郁トシテ其味甘美ナリ称シテ之ヲ香椎ナリト宣フ其地樫日又ハ橿日ト書ス音便相通スル佳名ヲ以テ終ニ香椎ト改ム今ノ筑前糟屋郡香椎ニシテ天皇、皇后、両陛下ノ神霊ヲ奉祀セル香椎宮ノ所在之レナリ尋テ皇后三韓ヲ服御シタマヒ韓使筑紫ニ来リテ八十余艘ノ貢物ヲ献ス使ヲ饗スルニ椎茸ヲ以テスルニ嘉称シテ止マス後チ貢使ノ来ル時ハ必ズ携ヘ帰ル遂ニ本朝ヨリ遣唐使派遣ノ時ニハ例トシテ之ヲ斉シ韓土ノ上下ニ与ヘラレ彼ノ邦人ノ嗜好ヲ益々高メリト云フ

　是等ノ事蹟国史ノ徴スヘキモノ無シト雖トモ彼ノ邦人ノ嗜好ハ古来依然トシテ変スルコトナク現今清国人ノ本国ヘ帰航スルニ当リテ第一吾国ノ産物トシテ本品ヲ携帯セサルモノナキ……」

　その数年後、三村鐘三郎は『人工播種椎蕈栽培法』のなかで、おそらく、この出品解説書からの引用と思われるが、しいたけの名は仲哀天皇によって名づけられたと記しており、その後、出版されたしいたけ栽培書の多くが、それを孫引きしている。

　出品解説書でも断っているが、以上のような史実を証する文献は見当たらない。

　椎茸という言葉が文献に現れるのは１４６５年の『親元日記』で、その千年以上も前に、椎茸の名があったとは信じがたいし、また生しいたけが、いつの間にか乾しいたけになっているのも奇妙である。

◉しいたけの自然発生説

　江戸時代における菌蕈に関する書籍は、稲生若水、寺島良安、松岡恕庵、小野蘭山、会占春、増島蘭園、毛利梅園、岩崎常正、坂本浩然、佐藤成裕などの本草学者が著しているが、いずれも菌蕈類は「キノコ」の名の示すとおり、樹木等から自然に発生する、いわゆる自然発生説を信じていた。

　会占春は『皇和蕈譜』の中で、「冬春ノ交深山窮谷陰蔚地枯寂ノ柯樹山気ノタメニ薫蒸セラレテ菌花ヲ生ズ……。

山人専ラ柯樹ヲ伐リ覆フニ薦蓆ヲ以テシ湊グニ澗水或ハ米泔ヲ以テスレバ乃チ蒸気ヲ上騰セシメテ焉ヲ生ズ……」と述べている。

また、五瑞編に引用されている中国の文献『広東通志』に「乃《すなわ》ち遍《あまね》く出ず、毎《つね》に立春を経たる後、地気発洩し、雷雨震動すれば、則《すなわ》ち交《こもご》も木より出」とあり、『陽春県志』にも「蛇虫吐涎するを以て生ずる也」と記され、佐藤成裕も毒キノコは蛇の死骸から変生するものとしていた。

◉兎園小説に伊豆の斉藤重蔵が登場

「文政六年の夏の末、沼津駅、和田伝兵衛なる者へ娘より遣せしふみの写しとして、「豆州岩地村の猟師の子、斉藤重蔵なる者十四才の時、兄と共に家出をし椎茸を作り、これを売って各地を転々としていたが、自分一人だけ豊後国・岡藩に至り、椎茸栽培法を教え、藩主より国益であると抱えられ、毎年七十両を賜り、岳山というところに立派な家を建て、三百余人を使って、日々椎茸を作り、串に刺して焼き、大坂に出していた（抄）」と、江戸時代の兎園小説（滝沢馬琴ら編纂の随筆集）に記されている。

この斉藤重蔵は、伊豆の生まれで、豊後国・佐伯藩の茸山の杣頭になった実在の人物である。

第二章

隆盛期・そして待ち受ける試練

乾しいたけ産業の夜明け——明治〜太平洋戦争末期頃（1868〜1944年）

しいたけ栽培の技術革新

17世紀に始まったしいたけの人工栽培は長い間、半自然的な「鉈目《なため》栽培」で行われてきたが、1800年代の終わりになって栽培技術に変化が現れはじめる。

1895（明治28）年、田中長嶺は菌糸のよく蔓延している榾木《ほだき》を粉にして、それを原木に振りかける人工接種法を編み出す。また、田中と同時代の楢崎圭三は、この「田中式接種法」に胞子を混ぜるなどの工夫を加え、熱心に各地へ普及している。

1900年代に入ると、さらに新しい栽培技術がいくつも生まれる。三村鐘三郎は「種木挿入法」と称し、鉈目をつけた原木の間にしいたけが発生している榾木を入れ、胞子の付着を容易にすることを考えついた。また、完熟榾木の一片を切り取り、新原木に埋め込む「埋榾法」や完熟榾木を粉にして、それに水を加えた榾汁を作り、その中に原木を浸け込む「榾汁法」も考案している。ほかにも、乗兼素治は胞子の懸濁液を鉈目に播種する「胞子液法」を、今牧棟吉は「胞子注射法」を提案している。

しかし、いずれも定着するには至らず、いぜん、従来からの鉈目式法が栽培の主流であった。

昭和に入ると埋榾法が改良を加えられ息を吹き返す。

埋榾法の鑿（のみ）（桑野功所蔵）

原木に円形一寸の穴を開け、そこに榾木の木片を埋め込んだのである。これはかなりの好成績をおさめ、全国に広がっていった。

この時期、一方で現在の「純粋培養種菌法」の芽が出よう

1. 根伐り

2. 小切および刻目

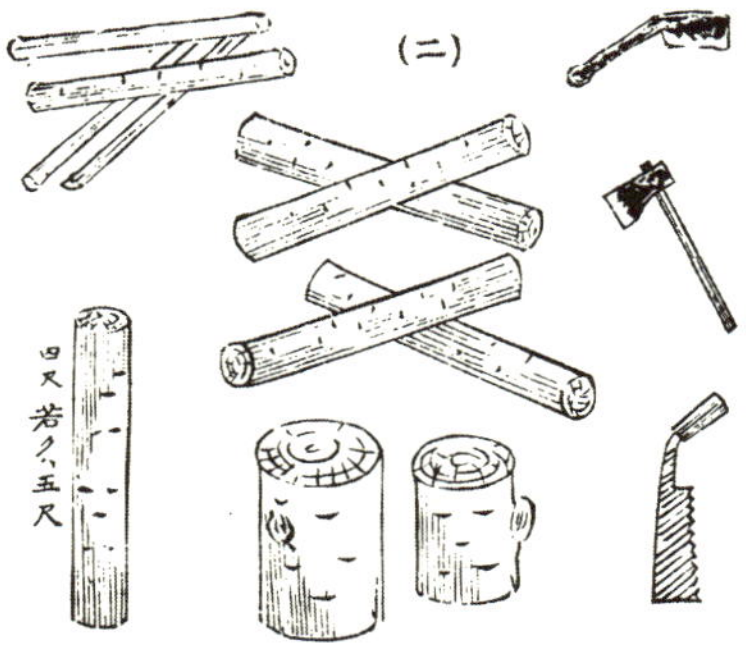

3、4. 斜面の寝（伏）せ込み

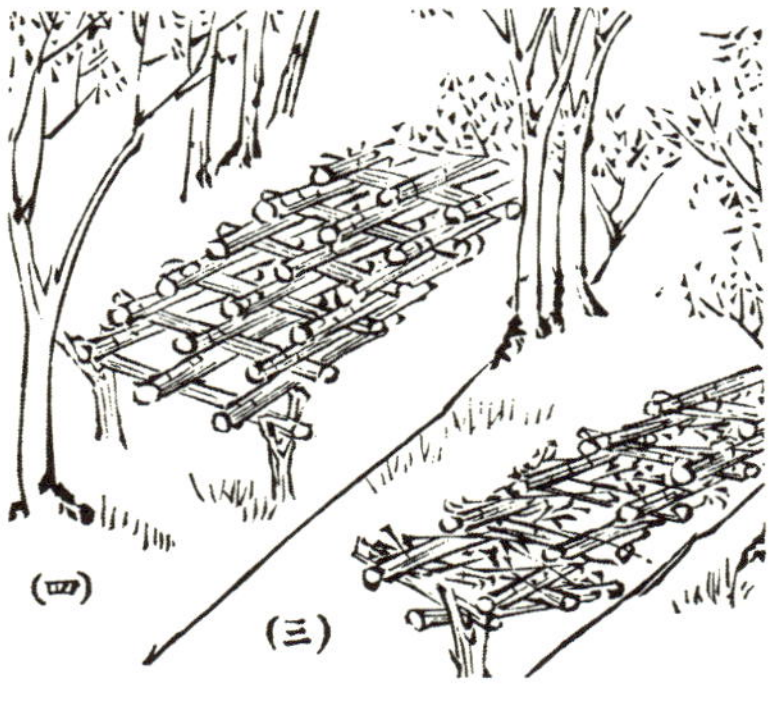

5、6. 斜面の寝（伏）せ込み

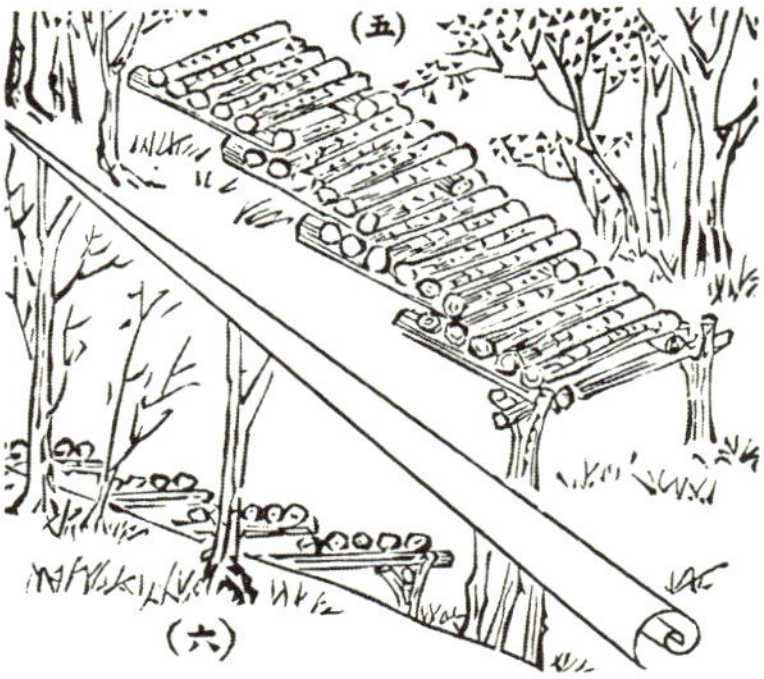

7. 緩斜面の乾きよき場所の寝（伏）せ込み
8. 大木は短く切って始めから立てておく

9、10. 平坦地の寝（伏）せ込み

楢崎式シイタケ養生法（1919年）——①

11. 寝（伏）せ込みおよびほだ起し

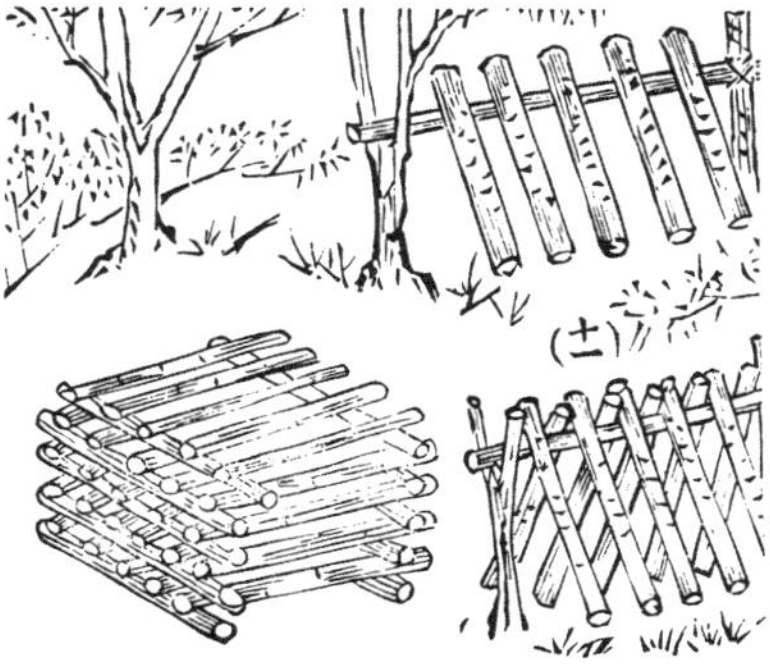

14. ほだ木注水

12. ほだ起し

15. 生乾

13. ほだ起しと浸水

16. 室乾

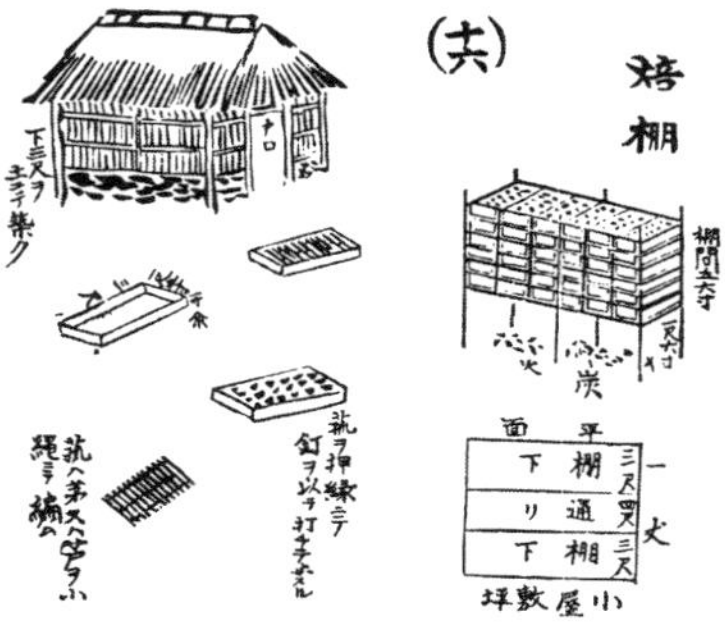

楢崎式シイタケ養生法（1919年）——②

としていた。1928（昭和3）年、森本彦三郎が、鋸屑《おがこ》培養種菌の接種を試みたのである。少し遅れて河村柳太郎も同じく鋸屑種菌の純粋培養を始めるが、それらを受け継ぎ完成させたのは北島君三で、37（昭和12）年に純粋培養種菌を全国各地に配布、普及している。

この純粋培養種菌法は42（昭和17）年、森喜作の「種《たね》駒《こま》」の発明で花を開くことになる。鋸屑が種駒に代わったことで効率よく植菌できるようになり、全国に普及していったのである。

初期の種駒

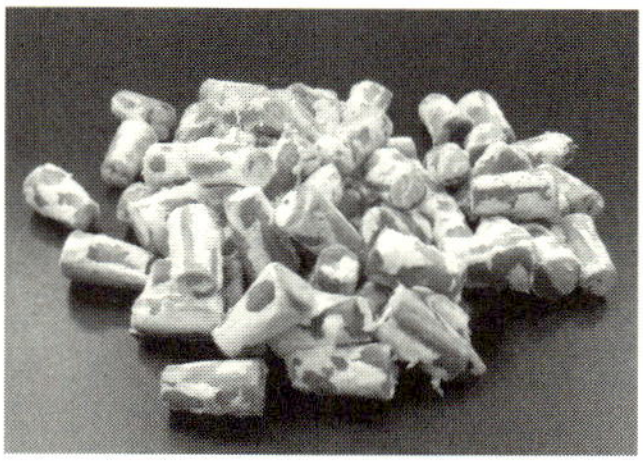

現在の種駒（発菌）
（写真：森産業株式会社）

それまでの鉈目式法では榾化が自然任せで不安定だったのが、純粋培養種菌法の出現で安定したしいたけ作りが可能となり、栽培地域は広がり乾しいたけの生産量は年を追うごとに増加してゆく。

乾しいたけ生産が上向きはじめる

乾しいたけの生産統計は1905（明治38）年に始まるが、当時の全国生産量は963トンで、静岡県が最も多く25％を占め、次いで大分県、宮崎県へと続いている。その後、全国生産量は33（昭和8）年頃までは800トンから1300トンの間で推移するが、34（昭和9）年1500トン、35（昭和14）年には2000トンに達する。

しかし、太平洋戦争に突入したことで、42（昭和17）年には1500トンに減り、終戦の翌年には、ついに500トンをも割ってしまうことになる。

この間、静岡県が11（明治44）年までは生産量1位の座にあったが、その後は大分県、宮崎県と三つ巴の争いで、年により順位を入れ替えている。

主産地では生産者の組織化の声が高まり、07（明治40）

年に大分県椎茸同業組合が設立されたのをはじめ、15（大正4）年、田方郡椎茸同業組合（静岡県）、18（大正7）年、日向椎茸同業組合（宮崎県）、26（昭和元）年、静岡県志太郡榛原椎茸同業組合（静岡県）、33（昭和8）年、静岡県椎茸同業組合、35（昭和10）年、有限責任宮崎県椎茸販売購買利用組合が設立される。

戦争中は統制時代に入り、41（昭和16）年、大分・宮崎・熊本・鹿児島・三重・静岡各県に椎茸統制組合、連合体として全国椎茸統制組合連合会が結成された。43（昭和18）年には高知・徳島・山梨・群馬、なども加わって12組合となり、名称を全国椎茸組合連合会（全椎連）に変える。この全椎連は、県椎茸組合を通じて乾しいたけを一元集荷し、軍需、内需、輸出それぞれの割当配給をしていた。

内国勧業博覧会に乾しいたけを出品

産業奨励を目的とした内国勧業博覧会は1877（明治10）年、東京で第1回が開催されるが、乾しいたけも出品された。以降、回を重ね、1903（明治36）年、大阪で開かれた第5回内国勧業博覧会には、大阪府をはじめ31府県から824点の乾しいたけの出品があった。

中でも大阪の乾物商同業組合の出品数は196点で、出品数は多く、全国の生産品を出品したこと、また品質優良で、選別・貯蔵は良好で他の模範になること、内地向け、外国向け、および冬菇、香信に分類し、貿易品としての乾しいたけを見本で示したこと、出品解説が詳しいことなどから名誉銀牌を受領している。

ちなみに出品物の産地は、日向・豊後・薩摩・肥後・大隅・大島・対馬・伊予・土佐・阿波・紀伊・石見・伯耆・但馬・丹波・隠岐・若狭・伊勢・大和・三河・遠江・駿河・伊豆・甲斐の24カ地で、出品解説書には当時の栽培や乾燥方法を詳述している。

流通の主導権はいぜん関西で、生産者からは庭先買い

江戸時代に始まった大阪の椎茸問屋中心の乾しいたけ流通は明治に入っても続く。乾しいたけは産地の生産者から庭先で、仲買人や産地問屋によって買い集められ大

阪の椎茸問屋へ委託で出荷され、椎茸問屋は競争入札で椎茸卸商に販売した。

　椎茸卸商は乾しいたけを選別商品化し、在日華僑や貿易商を通じて輸出、あるいは乾物小売商を経て国内向けに販売した。

　この時代は大阪の椎茸問屋が圧倒的な力を持ち、価格の決定権をも握っており、生産者は乾しいたけの入目斤（実際の数量より、量を積み増すか、または実際の数量から差し引かれる）を強いられ、価格も買い叩《たた》かれた。

　生産者の不満は募っていたが、１９０７（明治40）年、設立されたばかりの大分県椎茸同業組合は入れ目の減額交渉を椎茸問屋と行い、09（明治42）年には一部減額を認めさせ、27（昭和２）年には日向椎茸同業組合と共同で交渉し全廃を勝ち取っている。また大分椎茸同業組合は16（大正５）年、品評会を兼ねて共同販売会を開催した。

乾しいたけ需要はいぜん輸出が中心

　輸出統計は生産統計よりも40年近くも早く、１８６８（明治元）年に中国へ２１８トン輸出されている。その後、76（明治９）年には５１２トン、88（明治21）年１１１１トンと１０００トン台にのせるが、明治の末期までの輸出は年により差があり、７００トンから１３００トンの間を往き来している。

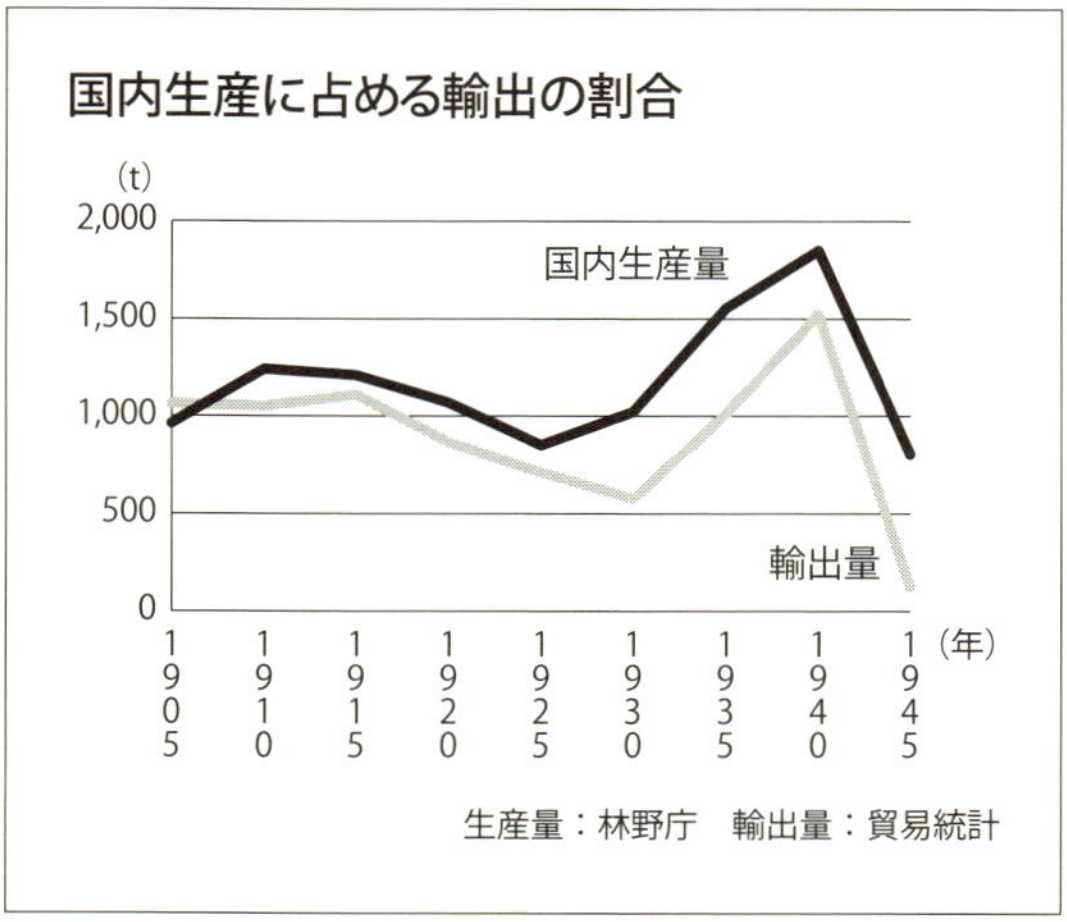

国内生産に占める輸出の割合

この間、輸出は全国生産量の9割にも及んでいるが、輸出先は乾しいたけ登場の9世紀以来の中国で、それは大正時代まで続く。

1921（大正10）年頃から中国は国内が混乱状態に陥り、わが国からの輸出は半減する。国内生産は需要先を失って落ち込むが、その一方、輸出に代わる販路を国内消費へ求めたことも重なり、長い間、輸出中心の乾しいたけは、以降は輸出、内販半々へと需要構造を変えていった。

この時代、国内では乾しいたけは価格が高く貴重な食材で、盆・正月・法事など〝はれの日〟のご馳走、〝含め煮〟〝散らしずし〟〝巻きずし〟などに使われ、消費を伸ばしていた。

乾しいたけ産業の勃興――昭和20～40年代中頃

戦後の混乱を経て、生産は軌道に乗る

乾しいたけは戦後、1949（昭和24）年頃までは1000トンを切り、明治時代の生産量にまで逆戻りしてしまう。

48（昭和23）年、農業協同組合法が発布され、大分・熊本・鹿児島・群馬など各県椎茸農業協同組合や全国組織の日本椎茸農業協同組合連合会（日椎連）が発足する。

49（昭和24）年には戦争中の統制経済で国が価格を決めていた公定価格制度は廃止されるが、統制価格の撤廃で乾しいたけ価格は3分の1以下に暴落する。さらに、その年、中国に共産党政権が発足し、中国への輸出は止まり、加えて同年9月、ポンド通貨が3割方切り下げられ、どんこの輸出価格は4分の1にまで急落した。国内価格は輸出のウェイトが高かっただけに、翌年も引き続き下がる。

当時、生産者団体や椎茸業者は乾しいたけを生産者から買い取りで集荷していたことから大きな損害を受け、業態の縮小、撤退、倒産が相次いだ。

このような厳しいなかでの再出発であったが、種駒の発明など栽培技術の確立で安定生産が可能となり、乾しいたけ生産量は50（昭和25）年には1400トンに戻した。その翌年からは2000トン台に、55（昭和30）年には3000トンを超え、65（昭和40）年5000トン、70（昭和45）年には8000トンに達し、豊凶による年の増減はあるものの順調に生産量を伸ばしていった。

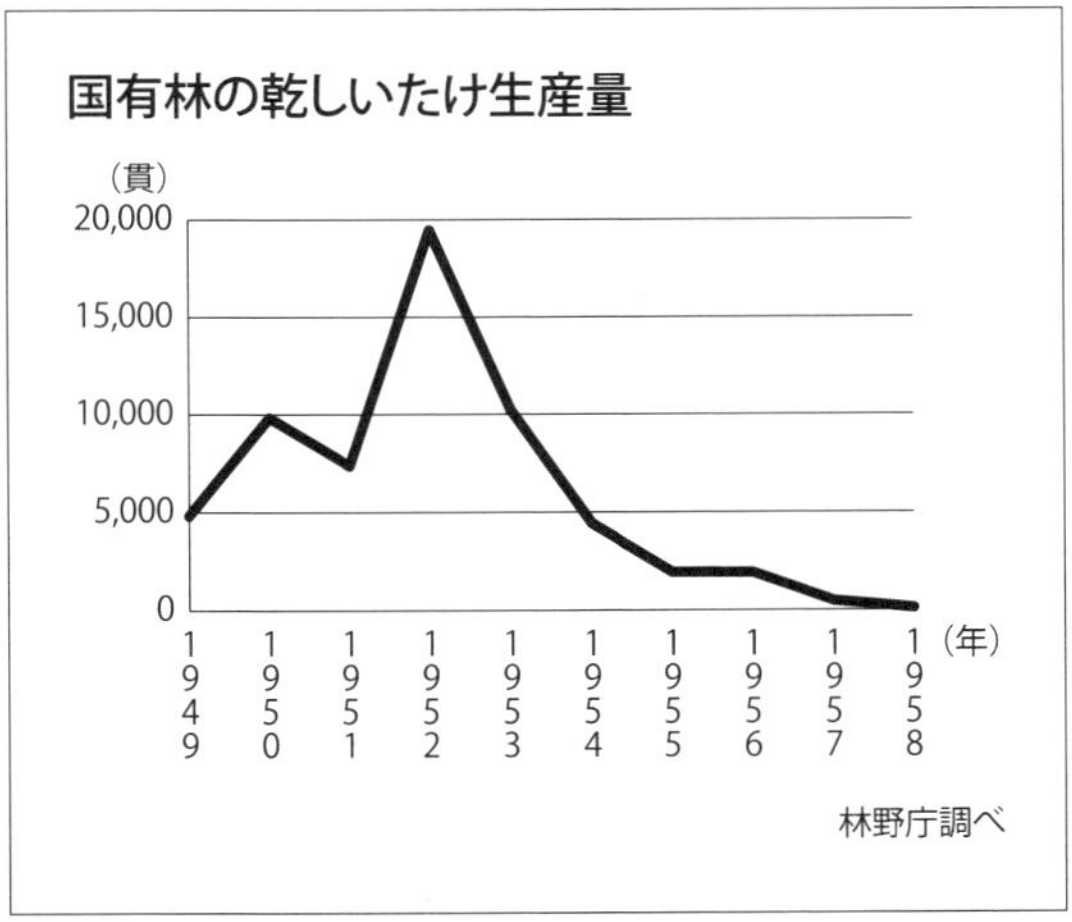

産地は、それまで静岡・大分・宮崎の間で首位の座を競っていたが、43（昭和18）年に静岡が脱落、52（昭和27）年に大分が抜け出し首位になり、以後、大分、宮崎、静岡の順となるが、72（昭和47）年頃から静岡は熊本にも抜かれ、さらに順位を下げる。

この頃、林野庁所管の国有林も46（昭和21）年、「椎茸増産5カ年計画」をたて熊本・高知・大阪営林局で乾しいたけを生産し販売している。

乾燥法の発達で品質向上

しいたけの乾燥は明治時代までは「木干し」（採取後、天日で乾かすが、もともとは梢木に付着したまま乾かしたから、この名が付いた）、「焼子」（しいたけの足に串を通し火で炙《あぶ》る）、「室《むろ》焼き」（しいたけを釜に入れて蒸す）などの方法で行っていた。

明治時代の中頃から木炭や薪を使う火力乾燥が始まるが、戦後、乾燥技術は熱源の乾燥室外への設置や旋風式回転乾燥機の考案など、画期的進歩を遂げる。

特筆すべきはいずれも大分の生産者、松下徳市・財津

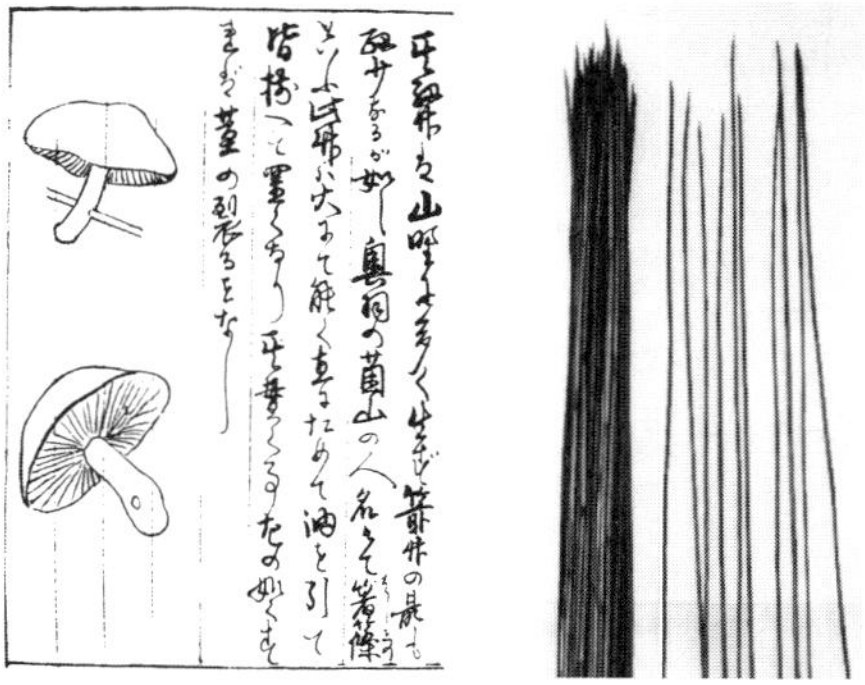

しいたけの串刺し
（左：上野国立図書館所蔵）
（右〈串〉：福原寅夫所蔵）

室乾燥（年代不詳）
（写真：村山善一）

政男・大塚重長などの手でなされたことである。

　乾燥技術の発達で乾しいたけの品質は格段に良くなる。天日乾燥では虫やごみ付着の心配だけでなく、色沢は悪く、乾しいたけの含水量も気乾湿度の13％程度にしか下がらなかったが、火力乾燥で、それらすべてが改善され、含水量も10％以下にまで下がり、保存は容易となり、商品価値が向上した。

　また、鮮度を保つため、ブリキの器や箱、瓶に入れて空気が通らないよう密閉状態で保管した。

山村地域の〝希望の星〟

　この時代、山村地域では乾しいたけに大きな期待がかかっていた。というのも山村地域は立地条件が厳しいことから収入を得られる産物は木材・木炭・薪など限られていたが、当時は石油・プロパンガスなどへの燃料革命が進行中で、木炭・薪の需要は急減していた。

　そんなとき、乾しいたけは木炭・薪を採取する薪炭林をそのまま使え、しかも販売価格は高く、山村を潤す所得源としてたいへん魅力的な産物であった。

旋風式回転乾燥機
（写真：大分県椎茸農業協同組合）

　高度経済成長期に入ると、山村地域の過疎化は進行するが、山村経済を支える数少ない農林産物の〝希望の星〟として乾しいたけへの期待はますます膨らみ、全国各地の山村は競い合うようにその振興に取り組んだ。

官も民も、乾しいたけに夢をかけ燃えていた

　昭和20年代から40年代、乾しいたけ業界は活気に満ちあふれていた。国・県・市町村、生産者・生産者団体、種菌メーカー・流通業者・資器材業者など乾しいたけ関係者全員が乾しいたけ産業に大きな期待をかけ頑張ったのである。

1950（昭和25）年、農業、林業改良普及員制度が発足したが、林業部門のなかで、最もその力を発揮し活躍したのは特用林産の専門技術員（SP）、改良普及員（AG）である。

主産県における特用林産SPは概して在任期間が長く十数年にも及ぶ者は何人もいたが、○○県の何某、△△県の何某などと、その名前は全国に知れわたるほどのエキスパートとなって、AGともども生産者の相談相手となり栽培技術や経営指導に力を尽くした。

国はまた、61（昭和36）年から、新興地域の生産者の教育に、先進地の生産農家へ留学させる「山村中堅青年養成事業」を実施しているが、それと呼応するように自発的に静岡・大分・群馬などの篤農家へ1年以上も住み込み、栽培技術の習得に励んだ後進地域の生産者は数多く、国の留学者ともども出身地域の産地形成の担い手となっている。

また、49（昭和24）年の価格暴落で経営が極度に不安定な状態に陥っていた生産者組織の再建に、国は53（昭和28）年、林野庁長官と農林経済局長の連名で日椎連はじめ各県の椎茸農協の再建強化を各県知事に要請、具体的な施策として、全国的共販体制の確立と無条件委託販売制度の導入についての指導を行うよう指示した。

行政の手厚い施策もさることながら、乾しいたけ栽培を軌道に乗せ全国展開させた立役者は、やはり種菌メーカーといってよいだろう。自社種菌の拡販が目的ではあるが、競い合っての優良種菌の開発、生産者へのマンツーマン的な栽培指導が栽培技術定着の大きな力となった

昭和30年頃の榾場風景
（写真：村山善一）

高松宮殿下、全国乾椎茸品評会へ御来臨
（昭和47年7月10日）
（写真：村山善一）

第2回全国乾椎茸品評会・入賞者
（写真：大分県椎茸農業協同組合）

のは確かで、忘れてはならない。

全国乾椎茸品評会、農林水産祭など表彰行事が始まる

乾しいたけの生産は官民あげての努力で全国各地へ広がってゆくが、課題は、それに相応して消費が順調に伸びてくれるかどうかで、それにはまず、乾しいたけの品質向上を図る必要があった。

1953（昭和28）年になって、品質や栽培技術の向上を目的とした全国乾椎茸品評会が、林野庁と日椎連の共催で初めて開催される。

全国乾椎茸品評会は昭和30年代の中頃からは日椎連と全国椎茸生産者団体協議会（全椎協、昭和29年発足）共催、林野庁後援へと形を変えるが今日まで続いており、所期目的の達成に大きく貢献したといえる。

また、62（昭和37）年に始まった明治神宮での農林水産祭では、最高の天皇杯に乾しいたけ部門で、65（昭和40）年に杉本砂夫（宮崎県）が初めて受賞し、71（昭和46）年、松下徳市（大分県）、76（昭和51）年、飯田

第1回勤労感謝記念農林産物品評会
（明治神宮　昭和27年11月23日）
（写真：大分県椎茸農業協同組合）

美好（静岡県）、79（昭和54）年、朝香博（静岡県）、80（昭和55）年、新田栄（愛媛県）、82（昭和57）年、長要（熊本県）、86（昭和61）年、吉野丈実（長崎県）、94（平成）6年、菊池六郎（岩手県）の諸氏が栄誉に輝いている。

そのほか、乾しいたけは、50（昭和25）年、農林省主催、第3回農村工業物産展や52（昭和27）年、54（昭和29）年の全国農林産物品評会、53（昭和28）年以降の新穀感謝祭などにも出品されている。

庭先買いから市場流通へ

生産者からの乾しいたけ集荷は、それまでの長い間、椎茸業者の生産者庭先買い付けで行われ、価格は業者の言いなりで決められていた。

生産者の不満は高まっていたが、国の共販指導もあって、1951（昭和26）年、大分県椎茸農協では、それまで不定期に開かれていた市場を再開、57（昭和32）年からは本格的な定期市となり、56（昭和31）年には宮崎に商系市場が開場した。その後、昭和30年代に日椎連、全国販売農業協同組合連合会、各県椎茸農協、それに商系市場が続々と設立され、昭和40年代には生産者団体13市場、商系11市場を数えるまでになり、庭先買いは減り市場流通が主流になっていった。

これら市場の多くは、特に生産者団体市場では生産者から無条件で乾しいたけの販売委託を受け、市場で業者に入札または随契（随意契約）で売り渡した。

流通は、阪神一極集中が終わり、東京以西の産地、消費地など各地へ分散

乾しいたけの流通は、江戸時代から、ずっと阪神地域が集散拠点の座を占めていたが、江戸時代の末期頃から、静岡・九州地方など乾しいたけ主産地では、独自に集荷・販売する椎茸卸商・産地仲買人も現れはじめた。

戦後、乾しいたけ生産は全国各地に広がり、生産量が伸びるなかで、需要のほうもそれまでの輸出中心から内需が主流となり、消費地にとどまらず、産地の地場消費も増えたことで、静岡・九州各地の産地では流通の担い手として次々新規業者が参入しはじめた。

さらに各地に乾しいたけ市場が開場し、乾しいたけが容易に仕入れできるようになったことで東京や名古屋など消費地の椎茸卸商も阪神から離れ独立するなど、流通業者は全国で200社を超えるまでになる。

長い間、阪神に集中していた流通体制は崩れてゆくが、それでも昭和40年代頃までは、阪神地域はいぜん、乾しいたけ最大の集散拠点で流通をリードしていた。

庭先買いの時代、椎茸業者は生産者からは安い価格で乾しいたけを仕入れ、高く販売して大きな利益を得ていた。

その後、市場流通が主流となって、仕入れは競争価格となりうま味を失うが、しばらくは季節による価格の上がり下がりに主たる利益を求める投機的な相場稼ぎ商法が続いていた。生産期の比較的価格が安い夏までに仕入れておけば、需要期の秋以降には必ずといっていいほど価格は上がり、そのとき、販売すれば差益を大きく上げることができたのである。加えて、生産量は年々急増していたことから業者の取扱量も毎年のように増え、取扱金額の増加で、これまた利益を出せた。

しかし、このような比較的楽に収益を得られたことが、集配機能が本務の正統な流通業への脱皮を遅れさせたのは否めない。

輸出検査の実施で日本産の信用が高まる

乾しいたけは、生産の急増で需要の拡大を強く迫られていたが、当時、輸出への依存度が高いこともあって、

輸出の伸びに大きくかかっていた。

輸出を後押しし、強力に推し進めたのは輸出規格と国による強制検査である。

乾しいたけは天産品ということもあって、年により品質にかなりの差異があるばかりか、輸出商社が違えば品質も異なるなど、肝心の品質と価格の関係がはっきりとせず扱いにくい面があり、市場流通品として問題を抱えていた。

国は１９４８（昭和23）年、「輸出品取締法」を制定、乾しいたけも検査品目に指定され、任意の輸出検査は始まるが、本格的な検査が行われるようになったのは、58（昭和33）年に輸出検査の基準等を定めた省令が出され、国による強制的な輸出検査が始まってからである。

輸出検査基準では、等級は上級、並級、低級に、銘柄は上級では〝どんこ〟〝花どんこ〟、並級は〝どんこ〟〝こうしん〟に分けられた。

海外における実際の業者間取引では、並級どんこの取引が最も多く、取引業者間では、並級を任意的に、並、2並、3並、4並、5並などに細分し、さらに、その各々が輸出業者のプライベートブランド（○○牌といったＰＢ）によって売買された。結果、実取引のなかでは同等級でも業者ＰＢの信用力の違いで等級格差以上の価格差が付いていた。

輸出検査は、現物取引から情報取引へと流通の円滑化に貢献したばかりか、日本産の信用を高め、日本産ブランドを確立したといえる。

乾しいたけ輸出は香港を中心に世界へ広がる

９世紀頃から始まった中国への乾しいたけの輸出は徳川の鎖国時代も途絶えることなく続いていたが、１９４９（昭和24）年、中華人民共和国の成立で止まり、代わって50（昭和25）年から中国を逃れた富裕層や料理人が多数移り住んだ香港が新たな主要輸出先となる。

香港に次いで、華僑が多く住むシンガポール・アメリカへ、さらにカナダ・オーストラリアなどにも輸出の輪を広げていった。

輸出量は戦後、49（昭和24）年までは10～３００トンに落ち込んでしまうが、50（昭和25）年には、９００トン余に戻し、翌年、1000トンを超え、以降、年によって多寡はあるものの千数百トンへと数量を伸ばしてゆく。

二千年前、中国で始まる乾しいたけの食文化は、華僑が世界中に散らばるにつれ、諸国へ伝わっていったに違いない。とりわけ共産党政権に代わった20世紀中頃から中国人の海外移住は一段と進み、それと歩調を合わせるかのように、わが国からの乾しいたけ輸出は世界中へ広がっていった。

輸出積み出し
(写真：村山善一)

輸出先は昭和30年代に入ると40カ国を超えるが、輸出量は各国の中国系の居住人口の多寡と完全に相関し、香港が圧倒的に多く、シンガポール・アメリカが続き、カナダ・オーストラリア、さらにヨーロッパなどにも輸出されていたが、数量は桁違いに少ない。

香港やシンガポールは中華料理のレベルが高く乾しいたけの持ち味をよく知っていることから使われる品柄は〝どんこ〟に限られ、わが国で生産される〝花どんこ〟のほとんど全部、〝どんこ〟の大半が、これら2国に輸出されていた。

アメリカ、その他地域は中華料理のレベルもあまり高くはなく、輸出品柄は〝こうしん〟が多く、品質も香港・シンガポールに比べると落ちた。

これら諸国への輸出は大手総合商社・中小商社や、在日華僑を介して行われていたが、昭和40年代後半頃からは輸出入業者間取引の固定化が進み、商社を介さない椎茸業者による直接輸出も行われるようになる。

海外における乾しいたけ流通

当時、イギリス領の香港は、自由貿易で経済は栄え海外からの観光客で賑わい、共産政権の中国を逃れた富裕層が多数移り住んだこともあって、乾しいたけの一人当たり消費量はわが国の数倍にも達していた。

その大半を日本産が占めていたが、昭和20年代後半頃から中国産も入りはじめ、30年代中頃には数量を伸ばし、日本産を脅かした。

当時の中国産は原木栽培で、なかには〝連平産〟〝湖北産〟など良品もあったが、概して品質は悪く価格の安さがうけた。ところが、昭和30年代後半頃から中国では文化大革命の嵐が吹きすさび、その影響で中国産の香港輸出は急激に減り、また、その頃からは韓国産も入ってきていたが数量はまだ少なく、再び日本産の独擅場《どくせんじょう》となった。

乾しいたけ取引はいずれも南北行（南は東南アジア、北は中国を意味し、双方の産物を取引するところ）に店を構える開盤商（卸商）が、明盤（価格を表示しての取引）や暗盤（相対で価格を決める取引）で海味商（小売商）に乾しいたけを売り渡した。昭和40年代から50年代、

取引の状景
（写真：村山善一）

香港・開盤商（年代不詳）
（写真：村山善一）

乾しいたけを扱う開盤商は二十数社、海味商は100社を超え賑わっていた。

また、香港はマレーシア・タイ・インドネシアなど東南アジアへの再輸出もかなりの数量にのぼり、中継基地としての性格をも兼ね備えていた。

シンガポールでは香港ストリートに店をもつ乾物商が日本産輸入の中心で、卸・小売を行っていたが、東南アジア諸国への再輸出も多かった。

アメリカやカナダ・オーストラリアなどへの輸出は香港・シンガポールとは異なり、在日華僑と在米・在加・在豪華僑間の取引が過半数を占め、現地の中華街料理店や中華系の小売店に売られた。これら諸国で、乾しいたけを使うのは中華系を主体にしての東洋系民族に限られ、その他の民族は外食で食することはあっても家庭での使用は皆無といってよい。

生産が伸び、需要は内外逆転し、内販が主流に

混乱期の戦中、戦後を除き、乾しいたけは千年にも及ぶ長い間、輸出が需要の大半を占めていたが、1954（昭和29）年、やっと国内消費が輸出を上回るようになる。当時の国内消費量は約1500トンで、以降、61（昭和36）年に3000トンに達し、67（昭和42）年には5000トンへと、国内消費はしごく順調に伸びていった。

55（昭和30）年頃までの国内消費は、家庭での使用が圧倒的で、盆・正月・法事など〝はれの日〟を主体に〝含め煮〟〝巻きずし〟〝散らしずし〟の食材として使われた。

昭和30年代中頃になると、折からの高度経済成長で生活水準は向上、食生活も豊かとなり、洋風化が進み、〝はれの日〟の風習はしだいに薄れてゆき、65（昭和40）年頃から家庭用消費を減らすが、給食・料理店など業務用分野が伸びはじめる。

昭和30年代中頃の乾しいたけの需要分野別比率は、およそ家庭用35％、贈答用5％、業務用30％、輸出用30％といったところである。

家庭用消費は、家計調査統計がとられだした63（昭和38）年には乾しいたけの1世帯当たり年間消費量（家庭

用と贈答用）は215gあったのが、そのあと減り続け、67（昭和42）年には129gにまで落ち込む。しかし、その後、消費宣伝活動が功を奏し68（昭和43）年からは上昇に転じ、70（昭和45）年には185gまで回復、増加傾向を示すようになる。

乾しいたけは〝はれの日〟には欠かせない食材で、価格もまた高かった

乾しいたけが、どれほど珍重されていたかをうかがい知るこんな話がある。

往時、田舎では法事などに招かれると食膳の大半を持ち帰り家族とも分け合ったが、中の乾しいたけはもったいないと糸に吊るし、再度乾して、後日のご馳走にした人もいたという。

この時代になると、そこまでする人はいなくなったが、乾しいたけは美味しさよりも貴重品イメージが強かった。

それは価格にも如実に表れている。当時の生産者価格は、1955（昭和30〈29～31平均〉）年は1kg当たり880円、60（昭和35〈34～36平均〉）年1170円、65（昭和40〈39～41平均〉）年1910円、70（昭和45〈44～46平均〉）年2500円になっている。

これを2000年を100とする消費者物価指数で現在価格に換算してみると、55（昭和30）年は5100円、60（昭和35）年6200円、65（昭和40）年7600円、70（昭和45）年7600円で、現在と比べるとよく分かるが、たいへん高かった。今日、まつたけは高価であるが、65（昭和40）年頃まではまつたけよりも乾しいたけのほうが高かった。

しいたけの薬効が、続々と明らかにされる

しいたけの薬効については、古くは今から約600年前、中国・明時代の呉瑞《ごずい》という医者が「椎茸は気を益し、飢えず、風邪を治し、血を破る」と書き残している。また、乾しいたけにはビタミンDが含まれ、骨が弱くなる「くる病」に効果があることはかなり以前から知られていたが、昭和30年代に入って、しいたけの薬効が多くの研究者によって科学的に明らかにされる。

その仕掛け人は種駒種菌の発明者、森喜作である。当

時、乾しいたけは生産の急増で、消費拡大が最大課題となっていたが、消費を伸ばすには、薬効が何よりも消費者の心を捉えることに着目、森喜作は研究資金を提供し、1962(昭和37)年、有本邦太郎(元国立栄養研究所長)を座長に、学者や研究者を集めた「椎茸研究会」を組織する。

その成果は、まず、翌63年に東北大学の金田尚志教授の「椎茸のコレステロール代謝に及ぼす影響」の研究発表に表れ、67年には、国立健康研究所健康増進部長の鈴木慎次郎が「椎茸の血清コレステロールに及ぼす影響」を発表した。さらに国立がんセンター・千原吾朗「椎茸の多糖類の抗がん作用」(1968年)、東北大学・石田名香雄教授「椎茸胞子中のインターフェロンの抗ウイルス因子」(1969年)、松田和雄「椎茸の水溶性多糖に関する研究」(1971年)、松岡憲固「椎茸のくる病を退治する研究」(1972年)など、しいたけの薬効が続々と明らかにされていった。

乾しいたけの消費宣伝が始まり、「日本椎茸振興会」発足

乾しいたけの消費宣伝が始まったのは50年ほど前からである。

それ以前は、生産量があまり多くなかったこともあったが、長い間、大半が中国向けの輸出で、需要が比較的安定していたことや、国内では盆・正月・法事など〝はれの日〟主体に出される〝巻きずし〟〝散らしずし〟〝含め煮〟などの定番食材として、需要をしっかりつかんでおり、消費宣伝の必要性をそれほど感じなかったからに違いない。

ところが、1949年、中華人民共和国の出現で中国への輸出は止まり、輸出環境が大きく変化、国内においても昭和30年代に入って食の洋風化が進み、伝統的な〝はれの日〟のご馳走は次第に姿を消し、安定していた需要先に陰りが見えはじめた。

その一方で、生産は全国各地へ広がり生産量が急増傾向を強めたことで、乾しいたけの需給関係は、それまで

とは一変、需要拡大を強く迫られる状勢に追い込まれた。

消費宣伝の始まりは57（昭和32）年7月、東京・三越における全国乾椎茸品評会を核に4日間にわたって行われた「椎茸まつり」である。

産地民謡大会
（写真：村山善一）

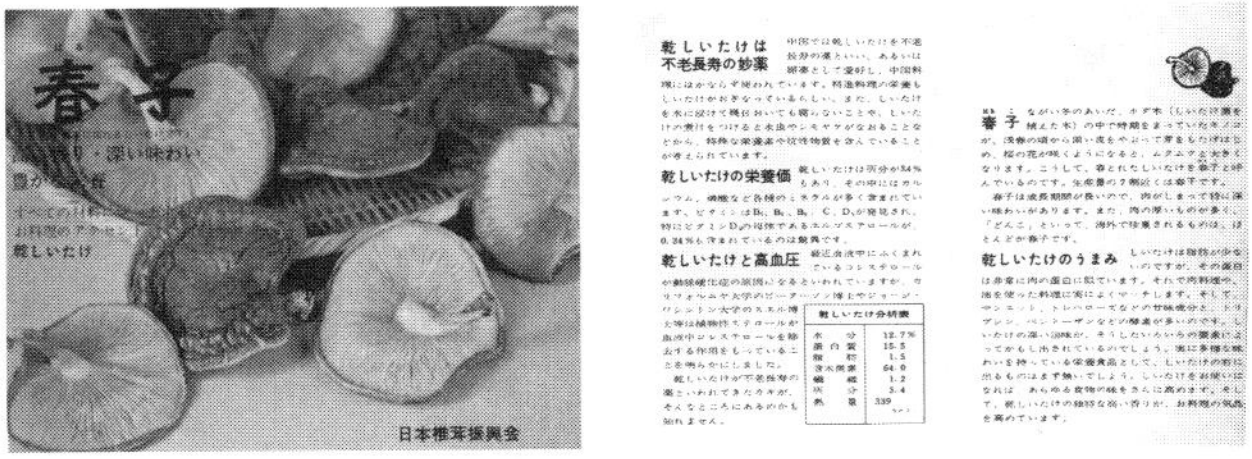

「婦人生活」1962（昭和37）年5月号広告

三越会場では品評会出品物の展示即売会をはじめ、料理実演、各産地の民謡大会が催され、それに銀座通りなど都内の盛り場を日経新聞の宣伝カーを先頭に産地・業者関係者が2日間パレードをするなど、賑やかに乾しいたけの良さの宣伝を行っている。

また、60（昭和35）年9月には、日本貿易振興会（ジェトロ）主催のニューヨークでの日本食品の総合展示試食会に乾しいたけも参加、翌61年、海外向けの宣伝映画「日本の椎茸」を制作、ジェトロを通し在外公館に配布するなど、海外への宣伝活動にも目を向けている。

椎茸まつりは、その後も毎年行われたが、国内外への消費宣伝の充実強化を図るべく62（昭和37）年、日椎連・全椎協・阪神椎茸商業協同組合（阪神商協。半年後、全国椎茸商業協同組合連合会〈全椎商連〉が発足、引き継ぐ）など業界は「日本椎茸振興会」を結成し、消費宣伝に必要な経費は生産者からkg当たり3円、業者は2円、計5円を徴収、年間予算2200万円で出発した。

国内宣伝はまず、ラジオ放送は7社で10秒スポット宣伝を月曜日から土曜日まで1カ月間行ったのをはじめ、需要期におけるテレビ宣伝、それに、毎年行われてきた椎茸まつりと、広報パンフレットの作成、薬用効果資料の収集などである。海外はジェトロによるニューヨークやハンブルグでの日本食品の展示試食会へ参加している。

乾しいたけ輸入の自由化

先進諸国から貿易の自由化を強く迫られていたが、乾しいたけは、1962（昭和37）年10月に輸入自由化に踏み切っている。

中国産は55（昭和30）年前後、香港市場へ積極的に進出していたが、その後、後退したこと、韓国も生産の伸びはあるものの、それほど脅威ではなかったこともある。

輝ける黄金時代——昭和46～60（1971～1985）年頃

生産は全国各地に広がり急増

乾しいたけ生産は昭和40年代から50年代、目覚ましい伸長をとげた。地理・地利条件が厳しい山村や中山間地域は収益作物も数少なく、そのなかで、乾しいたけは需要も伸びており、有力な所得源として大きく期待されたことから、産地は全国各地へ燎原《りょうげん》の火のごとく急速に広がっていった。

大分・宮崎・静岡など古くからの主産地をはじめ、鹿児島・熊本・愛媛・三重・島根・長崎（対馬）も生産量を伸ばし、岩手・群馬・栃木・茨城・新潟（佐渡）・岡山・山口・高知などの新興産地が続々と登場する。関東以北の地域は冬季の寒さや空気の乾燥など栽培に困難を伴うが、これら各地の県行政・生産者団体・種菌メーカー・生産者が一体となっての乾しいたけにかける熱意・努力が新興産地を育て上げたといってよい。

1971（昭和46）年には9000トン台に達し、74（昭和49）年1万トンを超え、昭和50年代は1万2000～1万3000トンで推移するが、84（昭和59）年には大豊作ということも重なり、史上最高の1万6685トンを記録する。

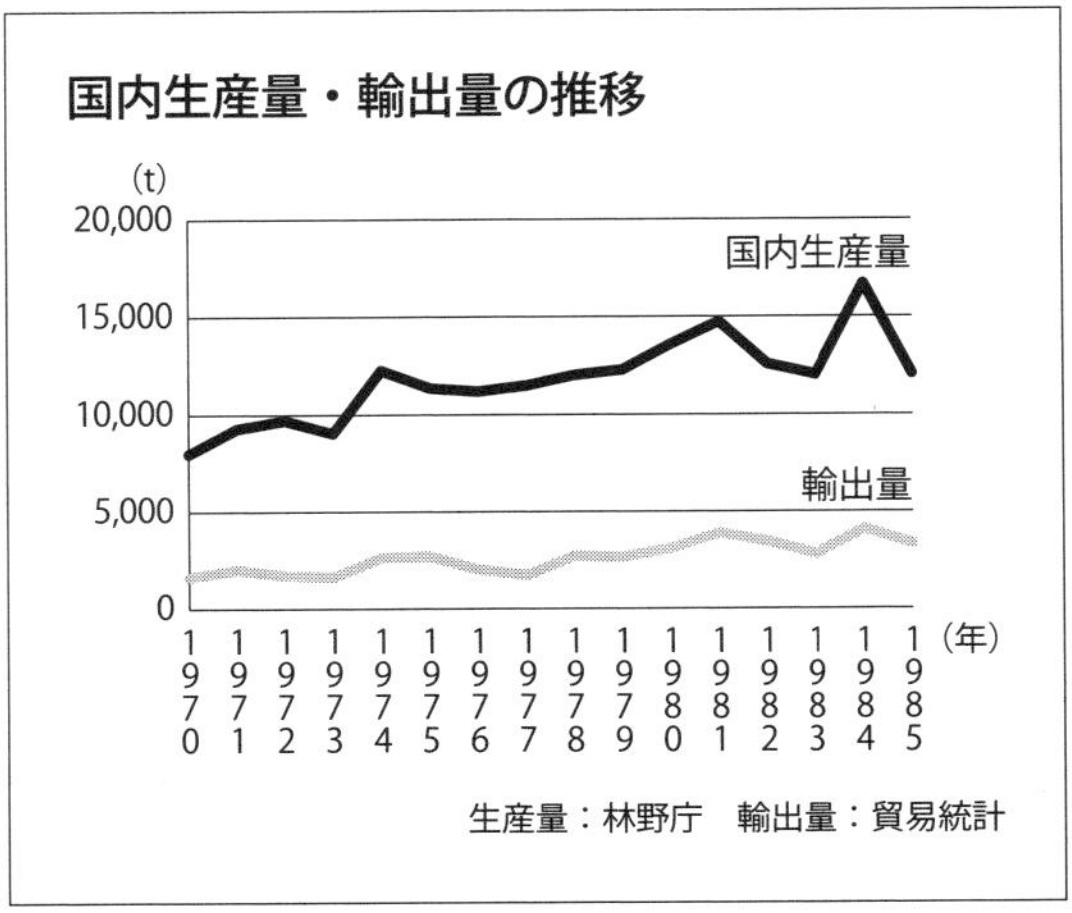

自然健康食品ブームで消費も大きく伸びる

一方、消費のほうはといえば、従前からの正月・盆・法事など〝はれの日〟主体の乾しいたけ需要は食生活の変化で、〝はれの日〟の風習はしだいに廃れ、乾しいたけは最大の需要機会を失いつつあった。

そのようななかで、年々生産は激増していったのであるが、救いの神は自然健康食品ブームである。

折から、時代は高度経済成長で国民生活を豊かにはしたが、一方、全国各地で自然破壊や各種公害などを次々と引き起こし、人々は自然や健康の有り難さ大事さを痛感させられていた。そんなとき、乾しいたけを食べると健康になれるという「乾しいたけ自然健康食品説」を世に広くアピールしたのがうけ、人々に歓呼の声で迎えられた。

乾しいたけのコレステロール・高血圧低下作用や抗ガン作用など、昭和30年代後半から40年代にかけての薬効の研究成果がここで大いに威力を発揮したのであるが、極めつけは光文社カッパホームズから出版された森喜作の『しいたけ健康法』（１９７４年のベストセラー）といってよい。これがきっかけとなって「にんにく」「杜仲茶」なども加わって自然健康食品ブームが湧《わ》き上がる。

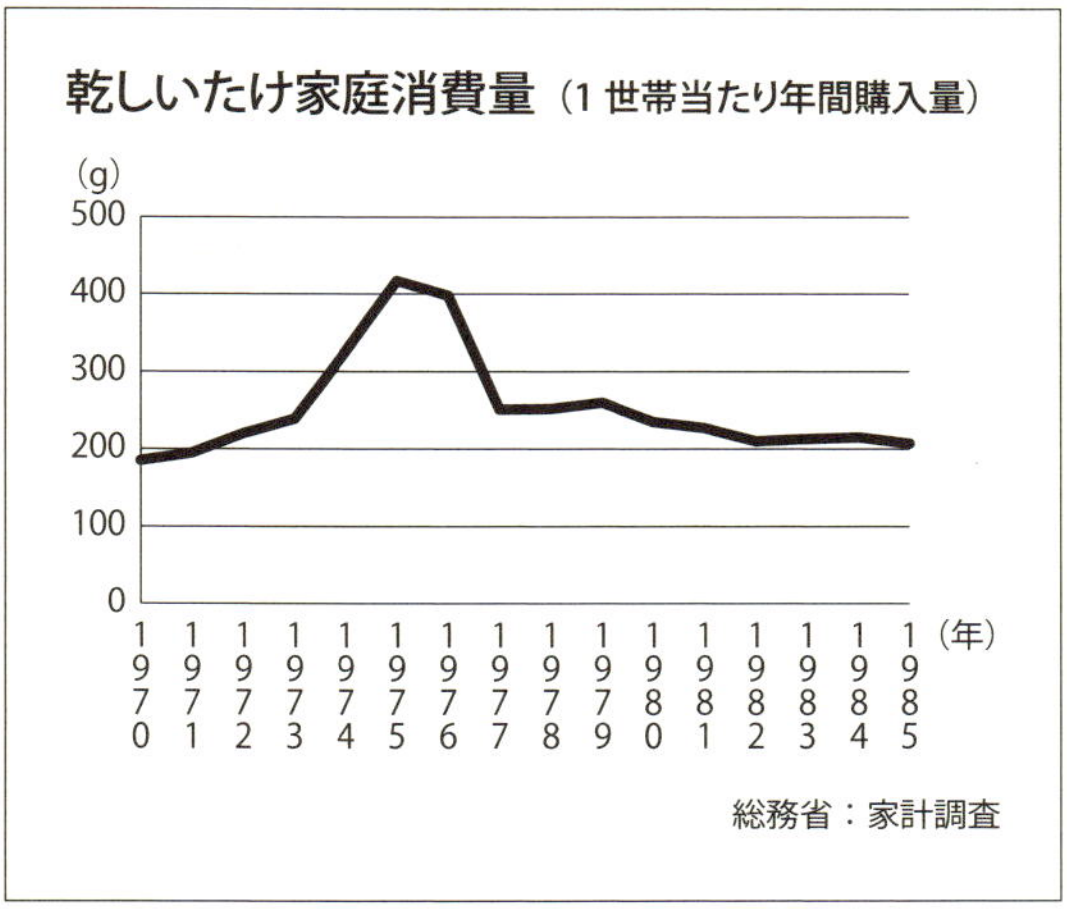

乾しいたけが自然健康食品として人々に抵抗なく受け入れられたのは以前からビタミンDを含み、くる病への効果がよく知られていたことも利いているに違いない。

乾しいたけは爆発的な人気を呼び、家庭での消費は増え、１９７５（昭和50）年には1世帯当たり年間消費量は４１７gにもなる。昭和50年代、贈答にも人気があって、中元・歳暮のベストテンに乾しいたけは常時入っていた。

この時代は生産が急増したけれども、それをも上回る消費の伸びで乾しいたけの価格も４０００円台を超え、83（昭和58）年には作柄の不作も重なって、６５６４円の高値を記録している。

外食分野では乾しいたけのメニューが増えた

乾しいたけの家庭消費が伸びるなかで、外食産業においても乾しいたけを使ったメニューが増えていった。

「外食産業における乾椎茸使用の実態調査　昭和60年４月　外食産業総合調査センター」によると、乾しいたけは次ページの表のような料理に使われている。

これらの外食店は、乾しいたけを使用する理由として、

「料理に欠かせない食材」を最も多く挙げ、次いで「色彩り」、以下「香り」「だしとして」「メニュー単価を高くするため」「季節感をだすため」「健康食品として」を挙げている。

輸出もすこぶる好調で世界五十数カ国へ

輸出は昭和40年代中頃から1600トンから2000トン台で推移するが、1980（昭和55）年に3000ト

外食産業における乾しいたけを使ったメニュー

和食店

煮物、吸い物、蒸し物、焼き物、揚げ物、流し物、あられ和え、博多焼、寿司、ご飯、弁当、デザート、茶そば、酢豚、炒め物、だし

中華食店

焼双冬、冬茹豆腐、醤爆鶏丁、冬茹白菜、紅焼牛肉、紅焼鮑魚、紅焼海参、春捲、清湯北茹、項湖上素、双素菜胆、冬筍牛肉、素汁錦烩、全常蒳、双葉冬茹、冬茹焼腐、花茹上湯、滷冬茹、尖筍双冬、冬茹炒青菜、八宝菜、家常豆腐、鮑魚海参、紅焼明蝦、紅焼団子、清湯北茹、生炒肉片、成都素燵、紅焼肉塊、酸辣海参、蠣油牛肉、汽鍋鶏、大蒜鰻段、前菜、炒め物、煮物、スープ

洋食店

スパゲッティミートソース、衣揚、串揚、和風鍋物、吸い物、天ぷら、中華風前菜、八宝菜、蝦仁豆腐、炒飯、冷やし中華、附け合せ、ソース類

そば・うどん店

おかめ（うどん・そば）、鍋焼うどん、あんかけ（うどん・そば）、おかめとじうどん、親子丼、卵丼、ケンチンうどん、椎茸そば（うどん）、小田巻、日本五目、和風たんめん、サラダそば、五目きしめん、おかめきしめん、五目うどん、冷したぬき（きつね）、釜揚、冷おかめ、冷天ぷら、冷海藻そば、天ぷらセイロ、おわんそば、開花丼、五目釜めし、親子南蛮、冷しなめこ、ケンチン鍋、茶碗蒸し、吸い物、冷し中華、五目中華

事業所給食

たき合せ、たき込みご飯、煮付、煮物、筑前煮、ちらし寿司、五目寿司、鳥めし、いり豆腐、巻寿司、磯辺揚げ、丼物、糖醋肉、糖酵全魚、辣炒豆腐、炒金針菜、八宝菜、野菜イタメ、酢豚、焼飯、スープ、イタメ物、五目中華、おかめうどん（そば）、山菜うどん（そば）、肉うどん

外食産業総合調査センター
「外食産業における乾椎茸使用の実態調査」（昭和60年4月）

ン台になり、84（昭和59）年には４０８７トンと、これまでの最高を記録する。

輸出先は、相変わらず香港が主体で、全輸出量の約60%、次いでシンガポール約20%、アメリカ10%強、マレーシア４%、その他五十数カ国５%といったところで、カナダ・オーストラリアなど中国系の移住人口が増加した地域への輸出も伸びている。


輸出先国別数量%（1984年：4,087t）

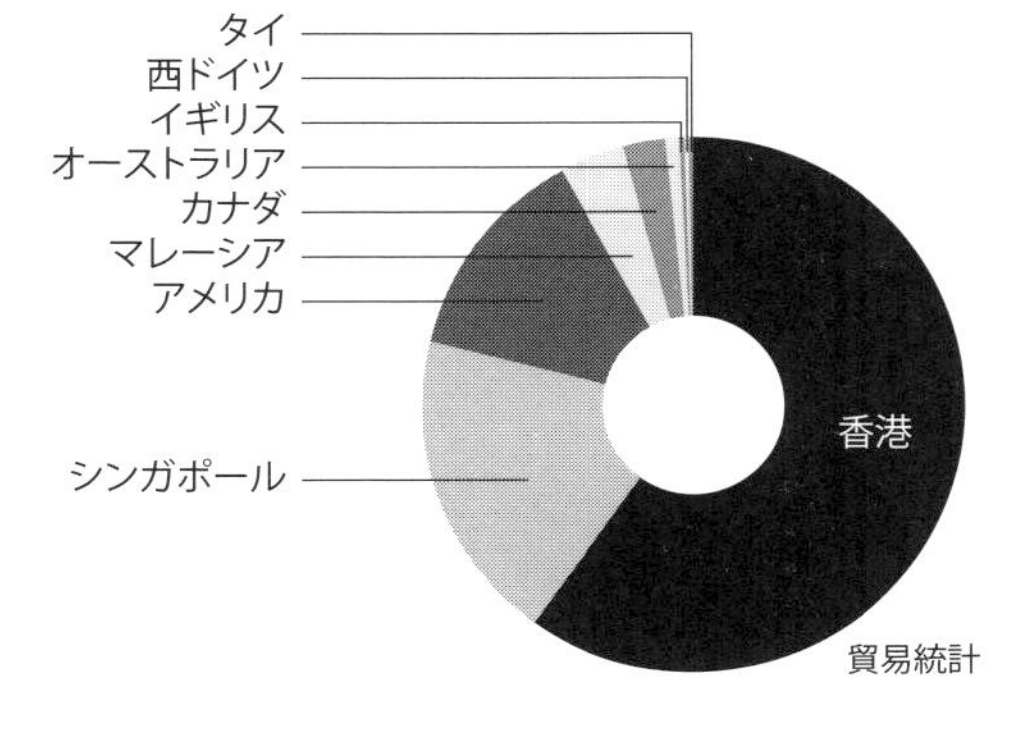

当時は、香港・シンガポールはニーズ諸国（新興工業経済国家群）と呼ばれ、経済・工業が発展成長しつつあり、国民生活の向上が目覚ましく食品類の購買力は旺盛で、乾しいたけの需要も増えていた。
これら海外市場での中国産は、まだ原木栽培ものしかなく品質が落ち、文化大革命の最中でもあったので、入ってくる数量は少なく、日本産の競争相手ではなかった。ただ、韓国産は品質も向上し、年々輸出量を増やしていた。

生産の激増で、主産地では原木が不足し、域外からも移入

乾しいたけ原木の調達には、自家所有林の伐採と、他人のクヌギ・ナラなどの林を購入し、本人が伐採し手に入れるのと、玉伐り原木を購入する三つのやり方がある。

生産者はこれまで、昭和30年代以前の薪炭林を主たる原木の供給源にしてきたが、生産の急増で、大分・宮崎・

熊本・静岡などの乾しいたけ主産地や、関東地域の群馬・埼玉、近畿圏の京都・奈良・和歌山・徳島など、購入原木に頼る度合いの高い生しいたけ産地では原木不足が叫ばれだした。

関東・近畿・九州地域の産地はこの頃、自県の原木ではまかなえず、比較的、原木資源に恵まれていた福島・長野・山梨・岩手に不足分を求めに走った。

林野庁は81（昭和56）年から、全国森林組合連合会（全森連）に助成委託し、しいたけ原木対策事業を開始、全国的な原木の需給実績と見込みを調査、情報の提供を行った。

また当時、大分・宮崎などではクヌギ林の植林が毎年かなりの面積で行われた。

黒腐病など病害虫被害が発生、幻に終わった榾木共済

榾木《ほだき》を腐らせる黒腐病は昔から知られていたが、1970（昭和45）年、宮崎県東臼杵郡北方町で春に接種した種菌4万個分の榾木が黒腐病にかかり全滅した。その後、阿蘇・久住・祖母山系の榾場に広がり、74（昭和49）年には宮崎・大分・熊本などの主産地に大発生した。

原因の追究に林野庁は77（昭和52）年、「しいたけ害菌問題調査委員会」を設けたが、病原菌は*Hypocrea nigricans*のほか、*H. schweinitzii*, *H. muroiana*と判明した。

この黒腐病は榾場環境など栽培方法の改善で、その後、しだいに下火になっていったが、今度は77（昭和52）年頃から大分県直入郡を中心とした地域にハラアカコブカミキリが集中発生し、榾木に多大な被害を与えた。

ハラアカコブカミキリは、もともとは中国北部・シベリア・朝鮮半島・対馬などに生息していたが、対馬から持ち込んだ原木と一緒に侵入したと思われる。

また、猿や鹿の獣害も各地で発生し、さらに気象災害にも時々見舞われたこともあって関係者の間で榾木共済を望む声が高まっていた。

そんなことから林野庁は、森林保険協会（78～90〈昭和53～平成2〉年）、全国森林組合連合会（91～95〈平成3～7〉年）へ、しいたけ榾木共済調査研究を委託助

成し、最終的には「しいたけほだ木共済モデル実施事業」にまで漕《こ》ぎつけた。しかし、その頃はすでに中国産の急増で植菌量は年々減少し、一方、黒腐病やハラアカコブカミキリ被害も少なくなってきており、生産者の榾木共済への参加があまり期待できず、試験的実施にも踏み切れなかった。

とはいえ、群馬県では椎茸農協が65（昭和40）年頃からの全国的な種菌不活着問題をきっかけに69（昭和44）年から榾木共済を実施している。給付金は被害額の20％程度であったが、給付原資は県・種菌メーカーの助成と生産者拠出でまかなっていた。それも２００３（平成15）年、椎茸農協の解散で消滅した。

ハラアカコブカミキリ被害写真
（写真：大分県椎茸協）

乾しいたけの規格、日の目を見なかったＪＡＳ

規格とは、広辞苑では「製品の形・質・寸法などの定められた標準」と定義している。

また、日本農林規格では、規格の果たす役割として「品質の改善、生産の合理化、取引の単純公正化および使用または消費の合理化」を挙げている。

規格の意義を簡明に整理すると、

①例えば、１ｍといえば同じ長さ、１坪といえば同じ広さであることを誰もが共有しているが、それは１ｍの長さ、１坪の広さという規格があるからである。すなわち、規格は品質などについて、人々の相互理解の橋渡し役、つまり共通語的な性格をもっている。

乾しいたけでは、例えば、上どんこ、並こうしんなど、きちんとした規格があれば、生産者・流通業者・

消費者のいずれもが、品柄・品質のイメージが頭に浮かぶというわけである。

消費者は規格があれば安心して買える。定められた品質の保証が担保されるのはもとより、品質と価格の関係も透明化し、商品の比較検討も可能になる。

②生産者は生産目標の明確化で、品質の改善向上をはかれる。

③最大のメリットは商取引の単純化（見本化・情報化など）・公正化で、流通コストの低減が期待できる。

ところで、乾しいたけの規格は、1938（昭和13）年8月発行の小松忠五郎商店編集の『乾物類の栞《しおり》』によると、産地で出来たままの大小形態の不揃えなものを「山成品」と呼び、問屋では「大撰・中撰・小撰・荒葉（信貫）・枡物・小間・冬姑」に選《よ》り分けていた。

また、これら選り分けたものをしいたけの種類では「木干・ドンコ・込椎・信貫・大中斤・カラス・カケラ・大飛椎」に分類、さらに別貫匁もの（重量で量る品物）は「大中斤・中斤・小撰・中形シッポク・小形シッポク」に、升もの（容積で量る品物）は「大撰・中撰・大型茶撰・中型茶撰・小型茶撰・枡物」の呼称がついていた。

昭和30年代には「こうしん」は大きさ70㎜以上を「大中撰・大撰」、45~70を「中小撰・中撰」、40~45を「茶撰・小撰」、30~40を「小茶撰・卓袱」、20~30を「小卓袱」、18以下を「小間斤」・「格外品」に分け、「どんこ」は大きさ50㎜以上を「潰司（ツブシ）」または40~60を「大型冬姑」に、18~45を「花冬姑・上冬姑」に分け、上冬姑をさらに「並上冬姑・並冬姑・中玉冬姑」、20以下は「小粒冬姑」に選り分けていた。

これらはいずれも業者間の商取引規格で消費者や生産者には通用せず、規格の本来的な役割を果たしていたとは思えない。

さらに問題は、同規格でも業者間で品質に差異はあり、また、年によって中身が変わるなど規格とは言いがたかった。

日本農林規格（JAS）は、49（昭和24）年に農林省が乾しいたけの規格表を制定したのが始まりで、51（昭和26）年に日本農林規格が制定され、77（昭和52）年、実施を前提に全面改正、乾しいたけの日本農林規格が告示

大中撰

中小撰

小間斤

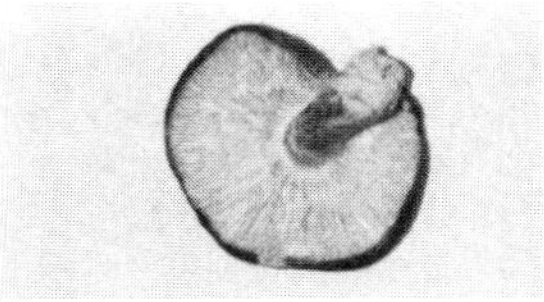

小卓袱

卓袱

茶撰

品柄の昭和30年代頃までの呼称
（写真：福原寅夫）

された。

　ＪＡＳは規格と品質表示がセットになっているが、乾しいたけは「どんこ」と「こうしん」に分けられ、品質は「上級、標準」、大きさは、どんこ「大５㎝以上、中３～５、小２～３」、こうしん「大６㎝以上、中４～６、小２・５～４」と決められている。

　実施には規格認証検査機関の設置を必要としているが、業界内の意見が大きく分かれ、ＪＡＳは日の目を見ることもなく２００４（平成16）年に廃止されてしまった。

乾しいたけは生産者の荒選、業者の手で選別されユーザーへ

　乾しいたけのＪＡＳは根づかなかったが、生産段階では荒選が行われ、業者段階で、用途に対応した業者仕様で選別され、業者のプライベートブランド（ＰＢ）で販売された。

　生産者の荒選の目安として、日椎連・全農をはじめ乾しいたけ生産主要県の椎茸農協、県森連ではそれぞれ独自の出荷規格が作られた。

　出荷規格を決めた生産者団体は、それぞれ流通・消費につなげる最適の仕分け方だと考えてのことだろうが、品柄の呼称・サイズの区分などがまちまちで出荷規格間には共通性が乏しかった。

　ただ、実際の市場出荷では、生産者はいずれの出荷規格も目安程度にしか受け止めてはいず、市場間の格差はそれほどない。

　出荷規格を、もし厳格に実施すれば、業者側では自社ＰＢの製造には「再選別」「合」など余分な手間がかかり、結局、非効率となっただろう。

家庭用から業務用へと変化しはじめる

　乾しいたけは内需・輸出ともに絶好調で最高の良き時代を謳歌《おうか》していたが、昭和40年代中頃から、食生活は大きく変わりはじめていた。

　太平洋戦争前、一般家庭の食生活は、ご飯に一汁一菜、漬物といったきわめて質素なもので戦中戦後は飢えにも苦しんだ。昭和20年代後半頃になってやっと元へ戻りはじめるが、その後、高度経済成長に入ると洋風化が始ま

り、さらに40年代後半頃からは全国各地にファミリーレストランが出店するなど外食機会は増加、家庭食も西洋・中華風なども加わり、質・量ともに豊かとなる。

一方、家族形態の変化や、女性の就労率の上昇、加えて余暇時間を有意義に過ごしたいという社会的傾向など、人々の生活スタイルも大きく変貌し、家庭では加工品や半調理済み食品が入り込み、料理に時間をかけることなく、食はしだいに簡便化、また外食化傾向を強めていった。

これらは食の供給側からみると、家庭用の減少・業務用需要の増加を意味しているが、乾しいたけは料理する前に「戻す」という手間のかかることもあって、50年代後半には家庭消費に影響が出はじめていた。

昭和50年代末の需要分野別状況（割合）をみると、家庭用25％、贈答用15％、業務用35％、輸出25％で、年間、1世帯当たりの乾しいたけ購買量（家庭用・贈答用）は207gと最盛期の5割程度にまで減少している。

加工品など、付加価値化への出遅れ

乾しいたけの加工品は缶詰が始まりで、昭和30年代、アメリカなどに輸出された。

1966（昭和41）年、アサヒ物産（株）が「スライス椎茸」を試験的に発売したのを皮切りに、次のような製品が発売された。

70（昭和45）年　椎茸健康飲料「ホレステリンソーダ」（森産業㈱）
72（昭和47）年　「モナ・フォーレ」（森産業㈱）
74（昭和49）年　「椎茸水煮缶詰」（アサヒ物産㈱）
77（昭和52）年　「フリーズンドライ（FD）椎茸」（九物食品㈱）
78（昭和53）年　「味付椎茸」（阪急食品㈱と兼貞物産㈱）
79（昭和54）年　「シイタケ茶」（森産業㈱）
81（昭和56）年　シイタケワイン「エリータ」（森産業㈱）

香港：老人会へ乾しいたけ寄贈
(1985年)
(写真：日椎連)

ロサンゼルス：日本レストラン協会と懇談
(1985年)
(写真：日椎連)

ほかにも「椎茸レトルト」や「瓶詰」製品など、昭和40年代から50年代にかけて加工品が発売されている。また50年代には業界有志による「椎茸工業クラブ」結成の動きもみられた。しかし、生産流通段階での加工品化は、スライス椎茸を除いて、ユーザーを強く惹きつけるまでには至らず、簡便化など時代のニーズから乾しいたけは取り残されたのは否めない。

日本椎茸振興会解散、国内消費宣伝活動の手が緩む

1962（昭和37）年に発足した日本椎茸振興会は、国内では「椎茸まつり」、マスコミへのPRや、しいたけの薬用効果の調査研究、海外では主要輸出先の香港、シンガポール、アメリカなどへミッションを派遣するなど積極的に消費宣伝活動を展開してきたが、72（昭和47）年、その歴史を閉じた。

それまで振興会は、日椎連と全椎商連主導のもとに生産者、業者の拠出金で消費宣伝活動を展開してきた。ところが、70（昭和45）年、全農が椎茸市場を開設、業界

へ参入し、宣伝費の徴収で揉め、負担への不公平感が生じ解散に至ったのである。

折から、乾しいたけ消費は順調に伸びており、日本椎茸振興会活動も10年を経過、マンネリ化や飽きもあったのかもしれない。

解散後、代わって、同年、日椎連・全農・全椎商連・全国食用きのこ種菌協会4団体で構成の全国椎茸懇話会（全椎懇）が設立される。しかし、消費宣伝費の団体負担は重荷ということもあって、消費宣伝事業費は限られ、ジェトロとの共同事業の海外宣伝に絞られ、国内宣伝はほとんどなくなってしまう。

その全椎懇も79（昭和54）年、全農が離脱、「農協消費拡大協議会」を設立し独自に消費宣伝活動を始めたことから解散し、日椎連・全森連・全椎商連は「日本しいたけ振興協議会」を発足させ、以降、農協消費拡大協、日本しいたけ振興協の二元体制で消費宣伝活動が行われる。

日本しいたけ振興協は、海外はジェトロの支援を受け、東南アジア、欧米にも再三、ミッションを派遣するなど積極的な消費宣伝を行ったが、最も力を入れるべき国内は農協消費拡大協もそうであるが、消費宣伝費も団体負担で限られており、おろそかになったのは否めない。

きのこ関係新聞・月刊誌が続々と発刊

1952（昭和27）年、大分で農業経済新聞社がしいたけの週刊紙『農業経済新聞』を発刊したのを皮きりに、53（昭和28）年、日椎連『椎茸通信』、55（昭和30）年、全国椎茸普及会『菌蕈』、69（昭和44）年、森産業『きのこ』、74（昭和49）年、明治製菓『きのこ通信』、77（昭和52）年、きのこ近代化協会『きのこ産業新聞』、80（昭和55）年、農村文化社『きのこｅｔｃ』などが次々と発刊された。

きのこ界のノーベル賞、森喜作賞が創設される

1979（昭和54）年、椎茸などきのこ産業の発展に貢献のあった者を顕彰する「公益信託・森喜作記念椎茸振興基金」が中央信託銀行（現三井住友信託銀行）に設定され、きのこ界のノーベル賞ともいうべき森喜作賞が創設された。基金1500万円余は全国の二千五百有余名

森喜作賞受賞者（第1回：1979〈昭和54〉年）

回	第1部門	第2部門
第1回	鈴木慎次郎 金田尚志	
第2回	千原吾郎	松下徳市
第3回	古本十三郎	小柳出要
第4回	菅原龍幸	財津政男
第5回	中村克哉	中澤淳
第6回	清水次郎	朝香博
第7回	小野忠義	長要
第8回	新里照治	松浦源一郎
第9回	小林正	仲田克爾
第10回	吉良今朝芳	諸塚村（宮崎県）
第11回	難波宏彰	村田安儀
第12回	岡峰藤太	土肥町椎茸生産組合
第13回	広井勝	石原慧士
第14回	古川久彦	山本茂樹
第15回	宍戸和夫	大分県椎茸農業協同組合
第16回	該当者なし	宇野信夫
第17回	該当者なし	有馬格之助
第18回	庄司當	菊池六郎
第19回	青柳康夫	木村末広
第20回	鶴我勝	群馬県椎茸農業協同組合
第21回	村田正幸	該当なし
第22回	河岸洋和	小野九州男
第23回	大賀祥治	赤尾恒雄
第24回	杉山公男	高屋敷幸雄
第25回	澤章三	萩原利明
第26回	福原寅夫	府高貴
第27回	辻悦子	石井猛
第28回	該当者なし	該当なし
第29回	該当者なし	日本一のなば山師になろう会
第30回	近藤隆一郎	福室勝義
第31回	水野雅史	井原英夫
第32回	江口文陽	洋野町しいたけ産業振興協議会
第33回	松井徳光	古田土雅好

森喜作賞
（写真：三井住友信託銀行）

のしいたけ関係者が拠出した。

森喜作賞は、第1部門（きのこ類の基礎・応用的研究に貢献した者、きのこ類の医薬学的および食品・栄養学的研究に貢献した者、きのこ類の資器材開発に貢献した者、きのこ類の流通に貢献した者、きのこ類の普及啓発に貢献した者）と、第2部門（優良なきのこ生産者）に分かれている。

厳しい冬の時代——昭和61～平成18（1986～2006）年頃

食生活は豊食から飽食、ついには崩食へ

豊食の時代といわれだしたのは、昭和50年代に入った頃からである。米をあまり食べなくなって肉類や鶏卵などの消費量が主食の米の消費量を抜き、食卓には西洋・中華など世界中の料理が入り込み、食材も豊かに賑やかになる。

わが国経済は、その後も発展しつづけアメリカに次ぐ世界第2位の経済大国となり、食生活は豊食を超えて、飽食時代を迎える。最近ではさらに進んで、独りで食べる〝孤食〟、朝食を抜く〝欠食〟、家族がばらばらなものを食べる〝個食〟、好きなものを食べる〝固食〟と、これらの頭文字をとればコケッコッコとなることから「ニワトリ症候群」と呼ぶそうだが、ついには食の崩壊が始まる。

自然健康食品ブームに沸いた昭和50年代、乾しいたけは人々の注目を浴び消費を大きく伸ばしたが、このような飽食・崩食の時代のなかでいつとはなく見忘れられてしまい、家庭における消費をしだいに減らしてゆく。

1世帯当たり年間消費量は1975（昭和50）年の417gをピークに、80年235g、85年207g、90年194g、95年163g、2000年125g、05年

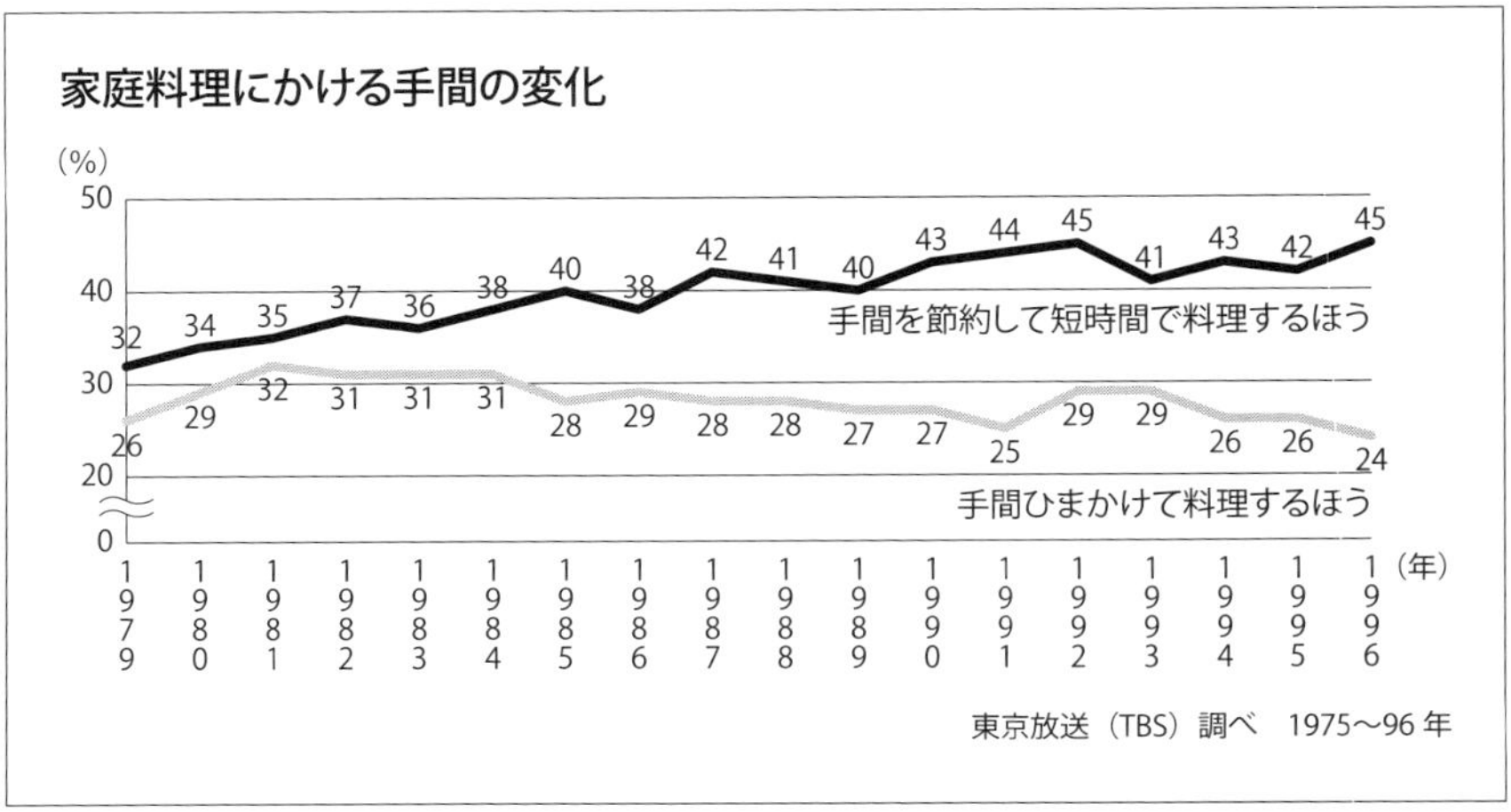

113g、10年77gと、ピーク時の5分の1にまで減少する。

かつて乾しいたけは盆正月・法事など〝はれの日〟に供される〝含め煮〟〝散らしずし〟〝巻きずし〟などに欠かせない定番食材であったが、それらの食習慣が廃れ、家庭食の中で代わりうる確たる定番料理をもっていないことがこたえている。

この時期、家庭用に代わって業務用への期待は膨らんだが、国産は業務用の求める安定供給、さらには低・定価格といったニーズに応えることができず、給食・外食などのなかでのごく限られた需要しかつかむことができなかった。

中国産が内外市場に急増

食生活変革の流れが加速するなかで追い討ちをかけるように、1987（昭和62）年頃から中国産が内外市場に急増する。

中国産は、国内には昭和40年代から100トン前後から200トン入ってきてはいたが、その当時の中国産は、原木栽培の天日干しで品質が悪く、せいぜい佃煮など加工品に使われるぐらいで国産の競争相手ではなかった。国産が不作で価格が6000円台に高騰した83（昭和58）年には中国産が666トン輸入されているが、さして国産を脅かすこともなく単年度で終わっている。

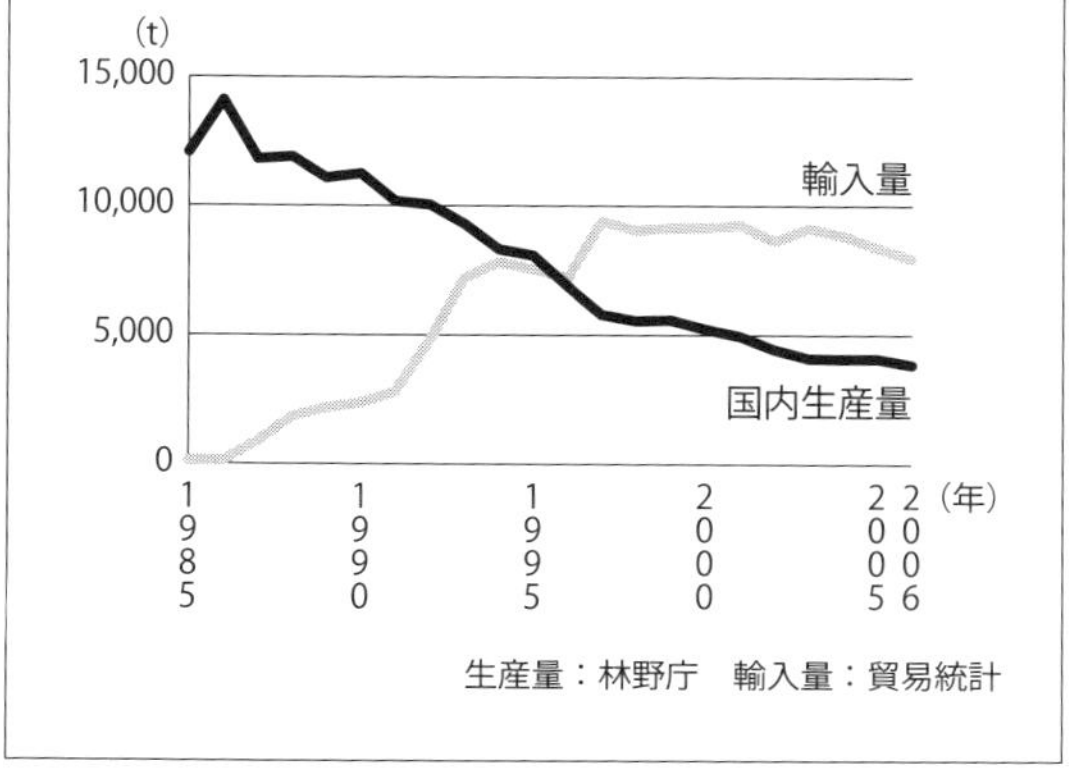

国内生産量・中国産輸入量の推移

海外の香港市場では昭和20年代後半から中国産が入りはじめ、日本産との競合を危惧されたが、これまた品質の違いもあって需要のなかで棲み分け、日本産の優位は揺るがなかった。

ところが、昭和50年代後半に入って中国がしいたけの菌床栽培に成功し生産が急伸しだしたことで状況は一変する。

国内への中国産輸入が増えだしたのは87（昭和62）年からで、その年は893トン、90（平成2）年2404トン、95（平成7）年7539トン、2001（平成13）年9253トンと、輸入量は鰻登りに増加する。04（平成16）年以降は農薬汚染などが問題化してきたことから8000トン台へと減少に転じるが、中国産は国内需要量の7割を占めるまでになる。

中国産は、国内だけにとどまらず、日本産の独擅場であった香港・シンガポール・アメリカなど海外市場においても年を追うごとに増加し、わが国からの輸出は85（昭和60）年のプラザ合意による急激な円高も重なって、やはり87年から大きく減りはじめる。その年には、まだ2634トンあったが、92（平成4）年には790トンと1000トンを切り、98（平成10）年214トン、2003（平成15）年には79トンとついに100トン以下にまで落ち込んでしまう。

中国では菌床栽培技術の確立で、全土に生産が広がる

1985年前後、福建省古田で菌床栽培が始まり、日本の優れた種菌の導入もあって新しい栽培技術が確立され、生産は中国南部地域に広がる。その後、90年代に入ると栽培技術は急速に進歩し、加えて、これまた、日本から入った乾燥機が威力を発揮し、中国産の品質は飛躍的に向上、生産は中国全土に広がっていった。

中国の乾しいたけ生産量は推定ではあるが、85年以前は原木栽培しかなく、せいぜい4000～5000トン程度とみられていたのが、10年後の95年には5万トンを超え、2000年には7万5000トンにまで急増している。

中国のきのこ雑誌『中国食用菌市場』によると、04年の生しいたけ生産量は247万トンで、07年には288万トンにもなっており、今もなお伸びつづけている。

この数字からみると、乾・生、半々にしても乾しいたけの現在生産量は15万トンを超えているだろう。

業者の関心はもっぱら中国産で、偽装表示も横行

食生活が簡便化・外食化など変革するなかで乾しいたけ離れは進み、家庭用がしだいに減ってゆくが、業務用は国産の価格が高く、安定的供給も難しく、業者には将来への不安や閉塞感が出ていた。そんなとき、中国産が登場してきたのである。

中国産は国産の半分以下の価格で、欲しいとき、必要な数量を簡単に入手できる利便性もあり、そのうえ、利益率は高いということで、業者は競い合って中国産の買い付けに走った。

さらに許せないのは中国産の国産偽装で、それも中途半端な数量ではなく、おそらく、1000トンを超えていたと推定される。

しかし、中国産が入ってきたことで、業務用とりわけ加工用分野の需要が掘り起こされ大きく伸びたことは確かで、その点は評価されるべきだろう。

慢性的な供給過剰状態に陥り、価格が低落

１９８５（昭和60）年頃、国内需要が９０００トン内外で輸出は３０００トン余り、当時の国内生産量が１万２０００トン前後で、需給の帳尻はほぼ合いバランスはとれていた。一時的には景気による売れ行きの良しあしや作柄の豊凶でバランスを崩すことはあってもしばらくすると取り戻した。

ところが、桁違いに大きい生産力で、しかも価格は国産の半分以下の中国産が入ってきたことで、それは一変する。

それでも、昭和の終わりから平成に入った頃までは、簡便化・外食化など食生活の変革で、折から拡大基調にあった業務用ニーズを中国産がつかんだことで伸び、輸入量も５０００トン未満ということもあって、まだ需給バランスは大きく崩れることがなかった。

しかし、それも輸入量が93（平成５）年頃から７０００トン台を超え、さらに８０００トン、９０００トンと増え続け、一方、業務用分野の拡大にも限界がみえだしたことで乾しいたけの需給バランスは崩れ、慢性的な供給過剰状態に陥ってしまう。

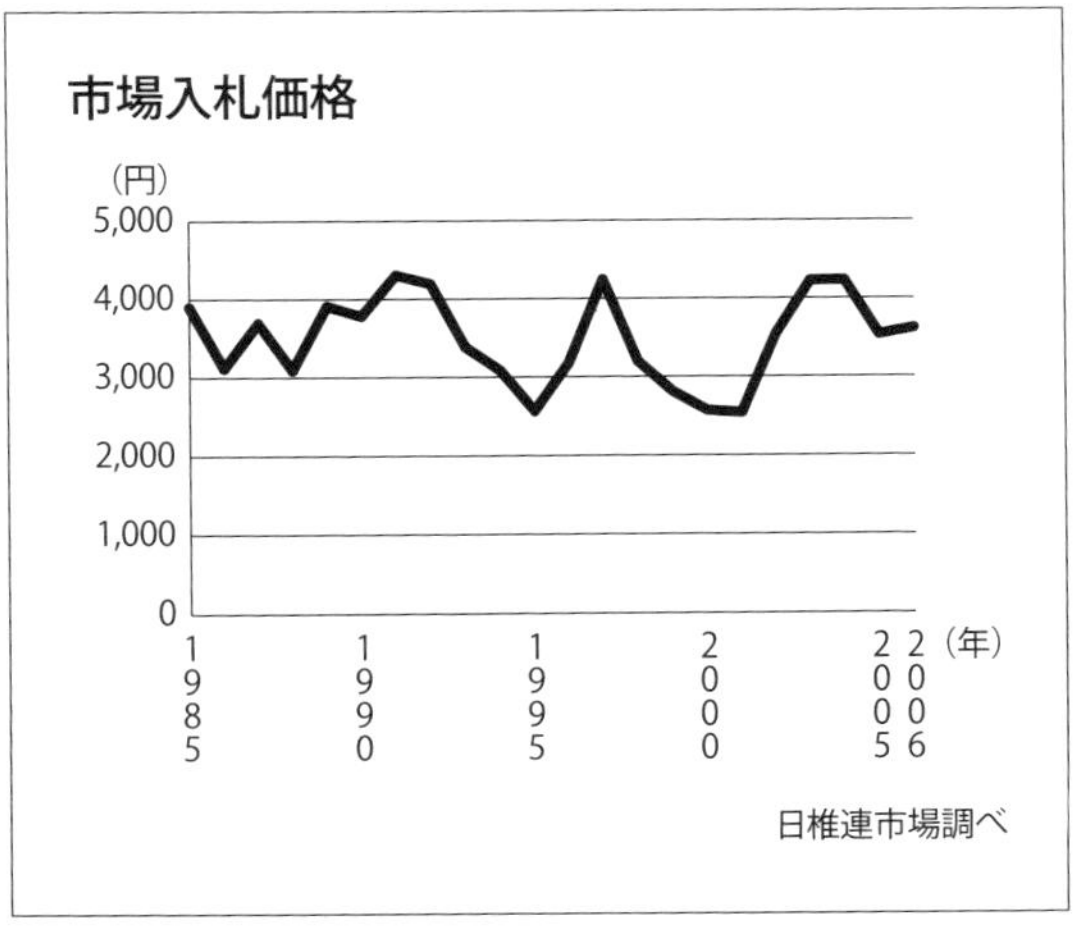

この時代の内需の需給関係を供給面（国内生産量と輸入量を合わせた数量から輸出量を差し引いた数量）でみると、85（昭和60）年8872トン、90（平成2）年1万2074トン、95（平成7）年には1万5067トンに達し、2000（平成12）年1万4264トン、05（平成17）年1万2381トンと、国産が主の時代とは比べられないほど供給量は大きく増加している。

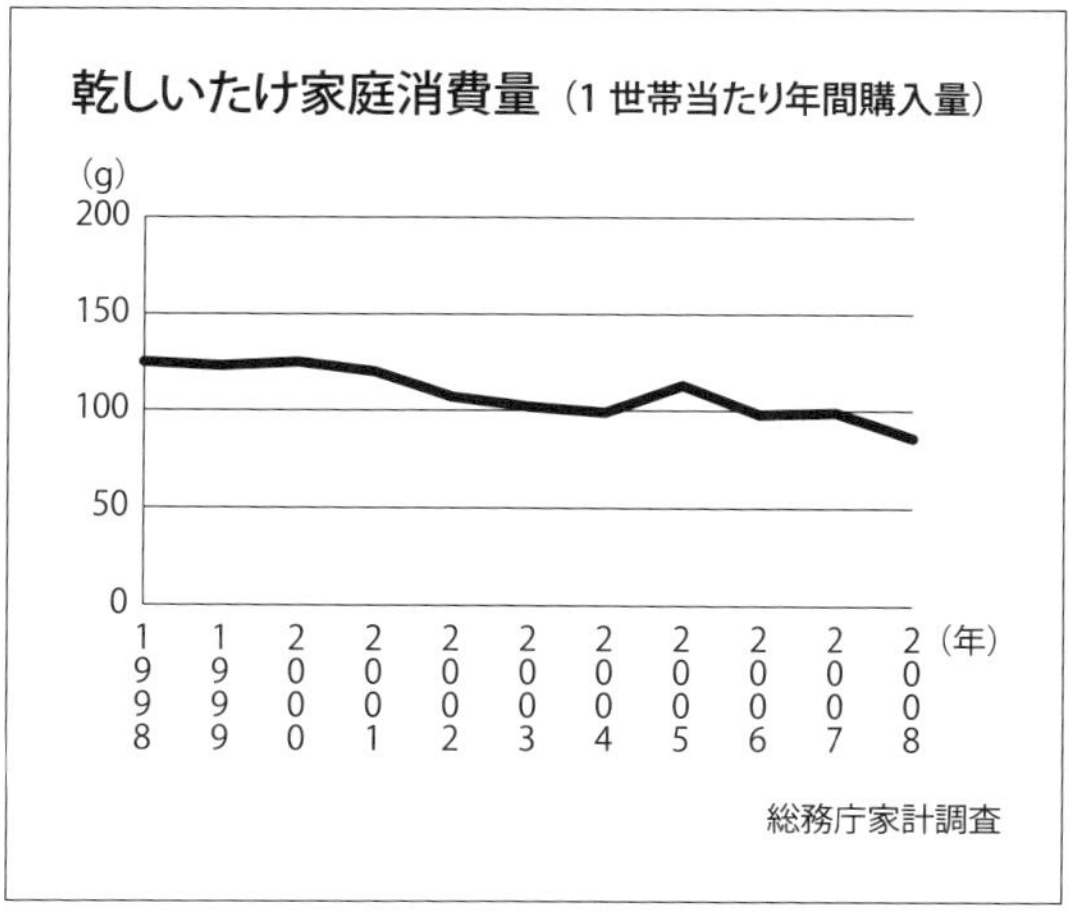

この間、業務用の伸びは目覚ましかったが、しかし、これだけ大量の需要を生み出すことはできず、加えて中国の無限ともいえる生産力が控え、たえずその供給圧力に脅かされていたことも見逃せない。

供給過剰で需給バランスが崩れたことで価格は、85（昭和60）年3900円、90（平成2）年3782円、95（平成7）年2562円、2000（平成12）年2568円と、とめどもなく低落してゆくが、03（平成15）年頃から中国産の農薬汚染が問題化しはじめ、05（平成17）年には3306円にまで持ち直している。

家庭用は減り、業務用が主流となる

乾しいたけは、これまでの長い間、家庭用を主にしていたが、昭和50年代に入り業務用に逆転され、以降、中国産輸入の増加で業務用は急速に伸びシェアをさらに広げていった。

家庭用のなかでも贈答用は価格の低落で存在意義が失

生産者・パッカー・小売価格

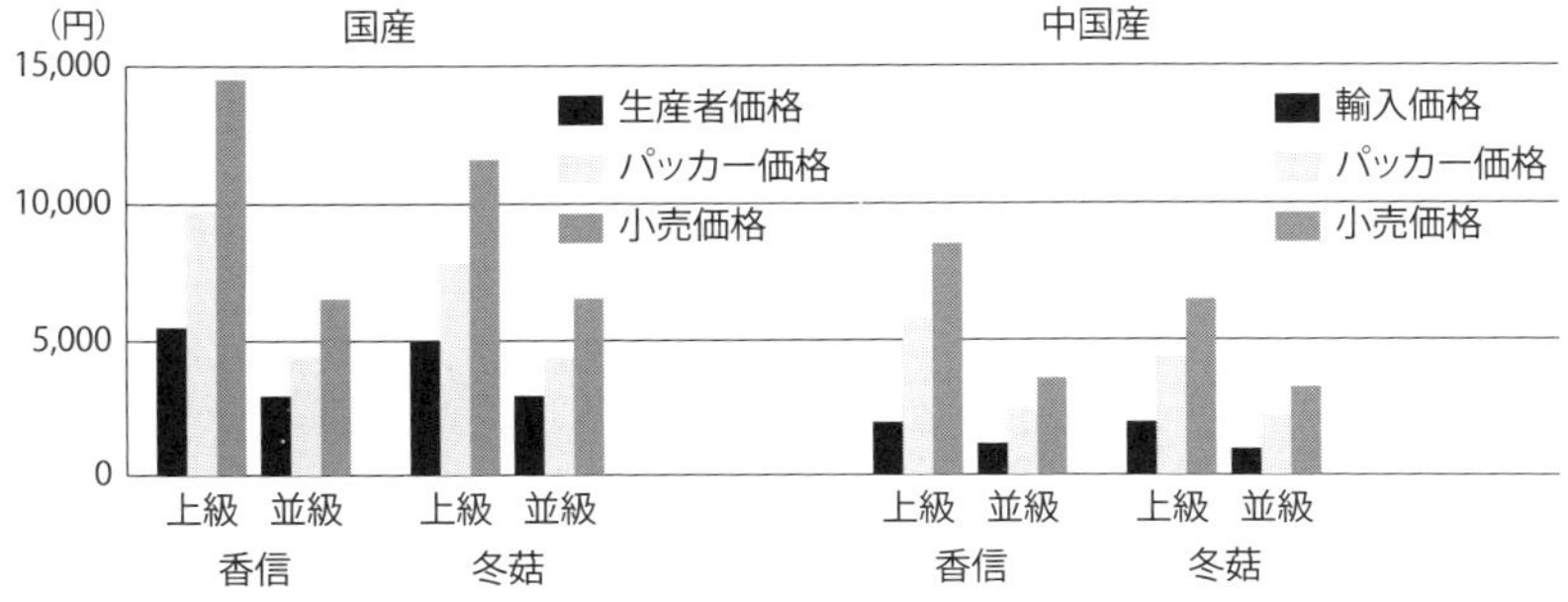

「国産、中国産の市場入札（輸入）、卸売、小売価格（平成 13 年　日椎連調べ）」より作成

われ激減し、かろうじて仏事用だけが生き残っている。

この間の変化を需要分野別にみてみると、１９８５（昭和60）年頃には家庭用25％、贈答用10％、業務用50％、輸出用15％であったのが、２００５（平成17）年では家庭用・贈答用を合わせても30％に満たず、輸出用は１％を切り、業務用は70％以上を占めるまでになっている。

生鮮きのこ類ではいぜん、家庭用が主で、業務用は40％にも達していないことを考えると、そのシェアの高さがわかる。

生産者価格とユーザー価格

生産者が乾しいたけを卸売市場で売り渡した価格は、小売店などでは、国産の場合、家庭用で約２・５倍、贈答用は４倍近いものもあるが約３倍で、業務用・輸出用は約１・５倍となっている。

中国産は、国産よりも倍率はさらに高く、家庭用では３倍から４倍を超え、業務用は国産とほぼ同様の１・５倍である。

国産の市場入札価格は中国産の仕入れ価格の約２・５

倍で、小売価格ではその差が約2倍に縮まっており、業者にとって中国産は利益幅の多い商品であったといえる。

国内生産は減少の一途をたどる

乾しいたけの生産原価は地域や個人によって異なるので一概にはいえないが、全国的にみて3500円ぐらいと考えられる。しかしそれをも大きく割り込む価格の低落で、生産者は生産意欲をすっかり失ってしまう。

植菌をまったくやめてしまったり、手控えたり、あるいは生しいたけに切り替えたりする生産者が相次ぎ、新規の参入はほとんどみられず、高齢化は進む一方で、国内生産は、1985（昭和60）年1万2065トン、90（平成2）年1万1238トン、95（平成7）年8070トン、2000（平成12）年5236トン、05（平成17）年4091トン、そして翌06（平成18）年からは3000トン台へと、50年ほど前の生産量（1960〈昭和35〉年、3431トン）にまで急速に減らしていった。

地域的にみると、関東周辺や岩手など比較的新しい産地の落ち込みが大きく、大分など昔からの産地の減り方は少ないが、最も古い静岡だけは例外で大きく減らしている。

業界全体が無力感にさいなまれ、活気を失う

国内生産が急速な減少過程に入ったことで、生産者は言うに及ばず業界全体が激震に揺さぶられ、生産者団体は集荷販売量、種菌メーカーは種菌の販売量が大きく減少、また資器材メーカーは売れ行きがまったく止まるなど不振に悩まされる。

業者は中国産に新たな活路を見出したが、時がたつにしたがい、異業種のアウトサイダーや直需者の食品メーカーの直接輸入が増加し、中国産輸入のうま味はしだいに薄れていった。とりわけ悲惨な事態に追い込まれたのは輸出を主にしていた業者で、いずれも業界のなかでは大手に属していたが輸出の激減をまともに受け、縮小や内需への転換を余儀なくされ、廃業、倒産する業者が相次いだ。

「日本産・原木乾しいたけをすすめる会」が発足

消費者の乾しいたけ離れ、中国産の急増、輸出の激減と、国産は三重苦ともいうべき、これまで経験したことのないたいへんな危機に陥ることになる。

その苦難から抜け出すべく業界は、日椎連・全農・全椎商連が中心になって、1995（平成7）年、日本産・原木乾しいたけのシンボルマークを制定し、商品への添付表示を始める。

引き続き97（平成9）年には、「日本産・原木乾しいたけをすすめる会」が暫定発足し、生産者からkg当たり15円、業者からkg当たり5円を市場で徴収、シンボルマークの添付表示と同時に積極的な消費宣伝活動に乗り出した。

さらに翌98（平成10）年、正式に「日本産・原木乾しいたけをすすめる会」を立ち上げ、年間、約7000万円の事業費で、テレビ・ラジオ・新聞雑誌などマスコミを通じてのPRや料理講習会など消費宣伝を展開する。

しかし、その後、生産量の減少と徴収額の切り下げもあって、宣伝事業費は、最近は約3600万円と半減してしまっている。

朱鎔基首相に中国産の輸出抑制など要請

2000（平成12）年10月、中国の朱首相が来日したとき、東京放送（TBS）は「筑紫哲也スペシャル・歴史的市民対話実現！世界初の試み」と銘打った100人の市民との対話集会を催したが、それに「日本産・原木乾しいたけをすすめる会」幹事長小川武廣と群馬県藤岡市の椎茸生産者の松原甚太郎両名も参加した。

●集会での小川の発言要旨

しいたけについて、中国国内での内需拡大と、生産の調整、輸出の抑制をぜひお願いしたい。しいたけは日本の山村にとってたいへん重要な生産物であるが、ここ数年、中国から大量のしいたけが入ってきて日本のしいたけ農家は苦しんでいる。（実は、そのあとに「中国のしいたけ農家も輸出価格が下がり困っているはずで、輸出量を減らせば価格も回復するので中国にとってもプラスになる」と続けるつもりでいたが、時間の制限で付け加え

られなかった）

●朱首相の答弁主旨

貿易面については、いつでもさまざまな製品においていろいろな問題が起きており、両国の政府は責任があると思っている。両国の輸出入を正しい方向に導くことが重要で、今後もいろいろなことが発生するだろうが、双方の政府・企業が調整をする必要があると思っている。

中国産の激増問題で、日中の乾しいたけ業界が意見交換

中国産の激増で、わが国の生産農家は苦境に立たされていたが、中国もまた輸出価格の低下で中国内の生産農家は採算の悪化に悩んでいた。

同様の悩みを抱えていた日中の乾しいたけ業界は2001（平成13）年2月14日、中国の深圳で日中の業界関係者が初めて会合し、問題点の解明と今後の対応策について意見交換を行った。

中国側出席者は、中国食用菌協会会長・顧二熊（元広西省副省長）、同副会長・将潤浩（国家林業局）、同常務理事・姚淑先（山湖集団有限公司総裁）、同常務理事・張光亜（雑誌『中国食用菌』編集長）、中国食品土畜進出口商会副会長・楊勝軍、同業務四処長・龍学軍

日本側出席者は、日本椎茸農業協同組合連合会会長・小川武廣、全国椎茸商業協同組合連合会理事長・鈴木昌一朗、日本特用林産振興会専務理事・古谷正人、三晶食品廈門有限公司総経理・鈴木善雄（通訳）

（意見交換）

日中の乾しいたけの需給事情

日本側——日本では乾しいたけの家庭消費は減っているが、中国産の急増で慢性的な供給過剰状態に陥っている。生しいたけも同様で、乾しいたけは2000～3000トン、生しいたけは5000～1万トンが過剰になっている。

中国側——中国のしいたけ生産は、1982年、福建省古田県で始まった菌床栽培は拡大の一途をたどり、2000年には乾しいたけの生産は10万トンを超え、輸出量は日本へ9000トン、香港へ1万トンなど

3万5000トンに達している。この20年間でしいたけ生産量は20倍に、輸出量は60倍にも増え、今や世界一のしいたけ生産と販売王国になった。

共通認識――世界の乾しいたけの生産量は15年前、約2万トンであったのが、現在は10万トンを超えており、この間、消費も伸びたが供給量がはるかに過大で、供給量のコントロールが必要ということで日中の意見は一致した。

供給（生産）コントロールの可能性

日本側――先般、朱鎔基首相が来日の際、テレビ討論会で、供給過剰をなくすため、中国の生産量の調整と中国内需要の拡大、輸出の抑制をお願いしたが、朱首相は政府間や企業間で話し合うことが必要だと話されていた。

中国側――中国国内ではいろいろな意見があるが、コントロールする必要はあると思われる。ただ、今まで農民にしいたけ増産を指導してきただけに生産総量を減らすのは難しく、新しい産地の黄河流域や東北地方は沿岸部に比べ貧しいだけに、ますます増えると思われる。

日本側――これだけ価格が下がれば中国の生産農家もコスト割れで生産の縮小も考えられるのではないか。

中国側――中国の貧しい農家にはコスト割れの意識はない。米作が本業で、しいたけ生産では儲けなくてもかまわない。乾しいたけの生産コストはkg10元程度（約140円）で、労賃は日本の10～12分の1程度である。

日本側――政府・業界で、生産抑制の指導をしていただきたい。

中国側――1992～94年、中国で国際的しいたけ会議を2回開催、以降、毎年、全中国しいたけ関係者会議を開き、新しい生産技術の普及、生産の増強を指導してきた。今年は3月、杭州で中国のしいたけ関係の指導者約30人が集まるが、今までの増産指導ではなく生産調整が大きな課題の一つに取り上げられるだろう。しいたけ関係者のなかには生産増強の全国会議はやめたほうがよいと言う人もいる。

中国産の価格

中国側――日本市場において、日本産と中国産とでは、なぜ、こんなに価格差があるのか。

日本側――色・形・つやなど品質と食べた味によるが、

消費者は近くで採れたものは安心ということもあって日本産を選ぶので価格差がある。

中国側――それにしても価格差は大きすぎ、品質の差と言われても納得は出来ない。中国のしいたけの品質の向上はすばらしく、特に生しいたけは世界一である。

日本側――安いのは中国産の供給が多すぎるからである。

日本向け輸出抑制の可能性

日本側――輸出量が過剰なのは日中両国にとって不利といってよい。

中国側――過剰な輸出は双方にとってよくないことは同意見で、中国外資部でもしいたけの輸出問題を重視している。この会議内容を外資部と食用菌協会で検討し、政府上部へ意見を提出する。

日本側――輸出のコントロールとして輸出許可証の発行も一方法である。

中国側――輸出許可証を取るべきという意見とダメだという意見があり、3月の杭州の会議で討議する。

日本ではセーフガードの発動を検討

日本側――中国産の生しいたけが急増していることから、輸入制限・関税の引き上げなどの措置のセーフガードが検討されている。

中国側――関税を引き上げても日本産と中国産の価格差が大きいので、たいした効果はないのではないか。

しいたけの需要は、なお増加するか

日本側――日本における乾しいたけ需要は成熟商品で満杯である。生しいたけもほかの生鮮きのことの競争が激しく飽和状態にある。

中国側――一人当たりの乾しいたけ年間消費量は、香港がいちばん多く600g、日本200g、韓国150gに対して中国はわずか50gである。中国で100g消費されるようになれば12万トンにもなる。健康に良い・がんに効くなど宣伝し消費を伸ばしてゆきたい。

中国国内では、広州がしいたけをいちばん食べる。次いで上海・福建省・浙江省など沿岸地域で、北方の人は食べる量が少なく、内陸部ではしいたけを知らない人もいる。

中国の販売戦略は、日本のようにしいたけ生産と消費のある国には品質の良いものを、香港・シンガポールのように消費だけの国には選別されたものを、アメリカのように生活水準の高い国には化学物質・食品検査などに特に気をつけるなど、それぞれのニーズにあった商品供給に努めている。

中国産の品質の向上

中国側――中国産にはいくつかのタイプがあり、福建省タイプは皺《しわ》のある黒いきのこで、秋に植菌し100日間で収穫、食感は良くない。浙江省慶元・福建省古田タイプもほぼ同様で、これも食感はあまり良くない。1992年、福建省寿佇県で「菌床架層保袋桃芯・内湿外乾管理方式」技術が発明され、品質は格段に向上、「光面菇」として日本への輸出が急増した。この技術は日本・台湾に勝り、品質もナンバーワンである。

ふたたび転機が訪れる――平成19（2007）年〜

中国産品の農薬汚染・食品偽装が相次ぎ社会問題化

中国産乾しいたけの農薬汚染は2003（平成15）年頃からすでに問題視されていたが、07（平成19）年、ほうれんそうなどいくつもの中国野菜の農薬汚染がマスコミに大きく報じられた。同じ頃、アメリカ・ヨーロッパでも中国産野菜の危険性が問題化し、さらにアメリカでは中国製玩具の鉛使用など、農産品にとどまらず中国産品は危ないとのイメージが世界中に広がった。

それに拍車をかけたのが翌08（平成20）年1月に発生した有毒メタミドホス混入の中国製餃子《ぎょうざ》事件で、中国産品への消費者の不信は一挙に加速する。

中国産乾しいたけは、以前から農薬汚染が指摘されていただけに、消費者・ユーザーの間に不安は広がり急速に敬遠されるようになる。

加えて、07（平成19）年には牛肉の偽装事件が摘発され、続いて高級日本料理店の「吉兆」の産地偽装、「不二家」「赤福」などでの賞味期限偽装、さらにウナギの産地偽装など食品の偽装が相次ぎ明らかにされ、社会問題化する。

乾しいたけは中国からの輸入が始まってしばらくたつと急速に品質は改善されるが、その頃からすでに国産への偽装は行われており、食品偽装が社会問題化した当時、業務用はもとより家庭用にまで偽装は広がっていた。

それだけに食品偽装の問題化は他人事ではなく、また消費者・ユーザー、さらには行政の監視の目も厳しくなり、国産への偽装は急激に減っていった。

中国産の農薬汚染・食品偽装の相次ぐ社会問題化で、中国産から国産への振り替え需要が発生するが、国内生産量は4000トンを割っており、従前からの底堅い需要をまかなうのに精いっぱいで、それらの新たな需要を満たすことはできず、07（平成19）年秋頃から国産は品薄状態に陥った。

これまでは、国産と中国産は同じ土俵での需給関係にあったのが、それぞれが得意とする需要に棲み分け、別々の需給関係となったのである。

国産が品薄となり需給バランスが崩れたことで、価格は07（平成19）年には5000円台にまで急騰する。しかし、翌08（平成20）年、アメリカの金融危機を発端に世界的な不況が襲い、あらゆる需要が冷え込み、乾しいたけも価格を下げるが、いぜん、国産の品薄は解消されるまでには至らず、その後も4000円台を維持している。

「食育基本法」が制定されるなど、消費環境は好転

現在、日本人の健康状態は6人に1人は生活習慣病に罹《かか》っているといわれ、特に糖尿病の予備軍は多い。また、すぐにキレるなど精神的にも不安定な子供が増えているが、これらはいずれも食生活の乱れからきている。

人間らしい本来の食生活に立ち返ろうとの動きは、海外ではすでに、1986年、イタリアで、消えゆく恐れのある伝統的な食材や料理、質の良い食品・ワインを守

ることや、子供たちを含め、消費者に味の教育を進めること、さらに質の良い食材を提供する小生産者を守るなどを狙いとした「スローフード」運動が始まっている。また、アメリカでは1998年に、健康と持続可能性のある社会生活を重視する「ロハス（lifestyles of health and sustainability）」が唱えられ、その考えは世界各国に広がりつつある。

スローフード運動やロハスは、食崩壊への危機感をつのらせていたわが国にも大きな影響を与え、05（平成17）年には「食育基本法」が制定される。

これまで教育は知育・徳育・体育の3本柱で構成されてきたが、それに食育が加えられたのである。「食の摂り方・選び方」や「旬産旬消」「食に関するマナー躾」などが小学校・中学校の教育のなかでも取り上げられ、国民全体が健全な心身を培い、豊かな人間性を育むための食育を、国を挙げて強く推し進めてゆく体制が整ったといえる。

そのようななかで「栄養」「嗜好」「保健」など食本来の機能が改めて強く意識されるようになり、これまで忘れられていた旬や自然食品・伝統食品など本物の食品に日が差し込み、見直し機運が出てきている。

最近、スーパーなど小売店で乾しいたけのアイテムは増え売り場が少し広がっているのも、その表れとみてよい。

〝まがいもの〟でない〝本物〟がうける時代がやってきている。

されど、家庭に消費を呼び戻す道は、なお遠く険しい

家庭における乾しいたけの年間購入量は、1975（昭和50）年に417gを記録しているが、2010（平成22）年ではわずか77gにすぎない。

数年前、静岡県藤枝市の小学校で4年生100人余りに、しいたけの話をする機会があった。その折、「乾しいたけを好きな人は手を挙げて」と言ったところ、手はぱらぱらとしか挙がらない。それでは、「嫌いな人」と続いて問うと、これまた少しは増えたが挙がる手は少なく、好き嫌い合わせても3割に達するかどうかであった。

子供の数と合わないので怪訝《けげん》な顔をすると、子供たちは口々に乾しいたけを食べたことがないと言う。

学校給食では全国平均でみて、週に1回は乾しいたけが調理されているはずだが、使用量は1g前後とわずかなので子供たちに乾しいたけを食べたという意識がないのだろう。

この数字をみてもわかるが、乾しいたけをまったく食べない家庭は増えている。

乾しいたけを使わない家庭では、中国産の敬遠も無関係で、消費環境の好転も、関心が薄いだけにただちに乾しいたけの消費に結びつくとは考えられない。

定番料理の喪失で、乾しいたけ離れは加速

冬の寒い日には温かい鍋料理を囲む家庭は多い。主となる食材はその日の好みで肉か魚ということになろうが、野菜に加え、生しいたけ・えのきたけ・ぶなしめじ・まいたけなど生鮮きのこ類も鍋料理の定番食材になっている。食卓にしばしば登場する天ぷらや炊き込みご飯でもそうだが、生鮮きのこ類は料理との相性がよいのか、日常食品化している。

しかし、これらの料理で、乾しいたけはほとんどお目にかかることはなく、今日、毎日の食事のなかで乾しいたけを必ず使うという料理は残念ながら見当たらない。

主婦が今日の献立に何かの料理を思いついても、料理の種類を問わず、乾しいたけが頭に浮かぶことはごく限られた人以外にはない。

乾しいたけは簡便化・外食化など時代のニーズから取り残されたこともあるが、この定番料理を失ってしまったことが乾しいたけ離れを招いた最大原因といってもよい。

かつては乾しいたけも定番料理をもっていた。昭和40年代頃までは〝はれの日〟や〝法事〟などのご馳走の〝含め煮〟や〝散らしずし〟〝巻きずし〟、それに〝筑前煮〟などには乾しいたけが必ず入っていた。この時代、それにもまして乾しいたけには高価な貴重品イメージがつきまとっており、ブランド品と相通ずる消費者を強く惹きつける魅力があった。

その後、食生活は豊かとなり多様化するなかで、これ

らご馳走はしだいに埋没してゆくが、代わって1975（昭和50）年前後からは、乾しいたけを食べれば健康になるという「自然健康食品イメージ」が、これまで以上に消費者を惹きつけた。特定の料理と結びついたわけではないが、乾しいたけ食の普遍化には役立ち、そのまま日常食品化するかにみえた。

ところが、ブームは去り、簡便化など食の変革とも重なって、その夢はあえなく消え、実を結ぶことはなかった。

とはいえ、数えるほど少なくはなったが、乾しいたけには今も強い愛着心を抱いてくれている人たちがいるのは確かで、その人たちの頭の片隅には、まだ貴重品イメージも残っているようである。60歳以上の高年齢層に多いのは、乾しいたけが大事にされた時代を知っているからに違いない。

それもこの先、核家族化のなかで受け継がれることはなく、いよいよ乾しいたけ離れが進む懸念は濃い。

生しいたけなど生鮮きのこ類に遅れをとる

しいたけというと30年ほど前までは乾しいたけを指していた。ところが、今では生しいたけのことで、乾しいたけは頭に「乾」を付けなければならない。

これからみてもわかるが、この30年余りのなかで、乾しいたけと生しいたけの立場はすっかり入れ替わってしまった。

生産額では、すでに1965（昭和40）年頃、乾しいたけは生しいたけに抜かれているが、生産量は93（平成5）年、乾しいたけ9299トン（生換算7万4392トン）、生しいたけ7万7394トンで、逆転は意外に遅い。以降、その差は開く一方で、98（平成10）年が乾5552トン（同4万4416トン）、生7万4212トン、2003（平成15）年では乾4108トン（同3万2864トン）、生6万5363トン、08（平成20）年は乾3867トン（同3万94トン）、生7万342トンと、今では、乾しいたけの生産量は生しいたけの半分以下にまで落ち込んでしまった。

きのこ類生産量等比較（1975年・2010年）

	1975年 生産量 （トン）	生産額 （億円）	輸出量 （トン）	輸入量 （トン）	2010年 生産量 （トン）	生産額 （億円）	輸出量 （トン）	輸入量 （トン）
乾しいたけ	11,356	384	2,696	93	3,516	151	40	6,127
原木生しいたけ	58,560	498			12,460	721		
菌床生しいたけ					64,619			5,616
えのきたけ	37,497	221			140,951	328		
ぶなしめじ					110,486	541		
ひらたけ	4,761	36			2,535	11		
まいたけ					43,445	326		
なめこ	11,416	87			27,261	101		
えりんぎ					37,450	229		
まつたけ	774	65			140	23		2,044
合計	124,364	1291	2,696	93	439,348	2,765	40	13,787

林野庁統計

国産乾しいたけは中国産との競争に負けたうえに、生しいたけ、さらには生鮮きのこ類にも市場を奪われたのは間違いない。炊き込みご飯・茶わん蒸しなど、かつては乾しいたけが使われていた料理は、今、生しいたけなど生鮮きのこ類に置き換えられ、乾しいたけに、あれほどこだわっていた中華料理にさえ、今では生しいたけなどの生鮮きのこ類が入り込んでいる。

きのこ全体の需要は、ここ数年伸び悩み、限界に近づいている

１９７５（昭和50）年、きのこの需要量は、約20万トン（乾しいたけは生しいたけ換算）であったが、それ以降、きのこの自然健康食品イメージに加えて、まいたけ・ぶなしめじ・えりんぎなど消費者の目を惹く新たな生鮮きのこ類が登場したことで、消費は２００３（平成15）年には約50万トンにまで飛躍的に伸びた。

ところが、その後は消費が伸び悩み、価格は低落、企業生産のきのこは生産調整をも余儀なくされている。

需要の鈍化は、不景気の影響もあるが、それだけとは

考えられない。わが国の豊かな食生活のなかで、食品間競争は激化しており、多くの食品が消費の伸び悩み、頭打ちに直面しているが、きのこの消費も限界に近づいてきているに違いない。

客観的、冷静な現状認識が明日への出発点

孫子の兵法に「彼を知りて己を知れば百戦して危うからず」とあるが、2010（平成22）年1月4日付の『朝日新聞』社説「アジアとの共生」のなかで、それを今日風に、販売戦略を立てるに当たっては顧客・市場と社会を知り、自分を知ることこそ王道と説いている。

乾しいたけは今、どのような状況下にあるかをいろいろ述べてきたのも、孫子の兵法が説く王道を進むためで、現状をきちんと認識しなければ道は見出せない。

ここで、再度現状を整理要約してみよう。

①中国産が敬遠され、国産の品薄状態が続いている

②きのこ全体の需要は頭打ち状態にあり、そのなかで、乾しいたけは生しいたけなど生鮮きのこ類に市場を奪われ居場所が狭められている

③簡便化・外食化など食生活の変革への対応の遅れもあるが、定番料理の喪失がこたえ、乾しいたけ離れは深刻である

④食育など食生活の見直し機運は高まり、旬や自然食品・伝統食品がよみがえる兆しをみせはじめ、消費環境は好転している

以上に現状を挙げたが、生産・流通がかかえる課題がないことに違和感を抱く向きがあるに違いない。あえて、ここで外したのは、供給サイドは業界内部の課題で手段にすぎず、目的の乾しいたけの商品としての将来性、つまり需要の確保・拡大とは関係が薄いからである。

現在、コストダウンや省力化、また、榾木1本当たりの収量などが常に課題として挙げられているが、生産費用が安くなり、販売価格を下げることができても、あらゆる食品が満ちあふれている現在、価格の安さだけで消費者を惹きつけることはできない。

むしろ、コストや手間暇をかけても消費者に選んでもらえる乾しいたけを作らなければ生き残れない。

しいたけの薬効に懸けた、先人の先見性と行動力

◉

しいたけの薬効の研究は、1962（昭和37）年、前国立栄養研究所長の有本邦太郎を座長にした「椎茸研究会」から始まったが、仕掛け人は日椎連会長の森喜作（森産業社長）である。

この年には日本椎茸振興会も発足しているが、乾しいたけは国内生産の急増で、消費を伸ばすことが最大、かつ緊急の課題であった。そこで着目したのは薬効である。しいたけにはビタミンDが含まれ、くる病に効果があることはすでにわかっていたし、中国では昔から薬膳料理にも使われ、おおいに可能性はあると考えたのだろう。

研究を進めるうえで研究者にお願いしなければならないが、いろいろの伝手《つて》を頼り探し、まったく見知らぬ研究者にも飛び込みで依頼をしている。

その一人で、金田尚志元東北大教授から直接、聞いた話である。ある時、『朝日新聞』に、しいたけのコレステロール低下作用の事を書いたところ、突然、面識もない森喜作氏が訪ねてきて、研究をもっと進めてくれないかと依頼を受けた。

そのときは、乾しいたけには、さして大きな効果はないと考えていたので断ったが、また訪ねてきて、研究費は惜しまないと100万円（現在価格で約500万円）の大金を提示、懇願されたので、あまり気は進まなかったが引き受け、ラット（ネズミ）で試験研究したところ、予想もしなかった乾しいたけの薬効がわかって、研究した当人も驚いたという。

おそらくほかの薬効研究の依頼も、これとよく似たことだと思われるが、森喜作の情熱と研究資金提供がなければ薬効研究は進まなかったに違いない。

華やかで熱気に満ちあふれた〝椎茸まつり〟

◉

日本椎茸振興会は1962（昭和37）年に発足しているが、乾しいたけの消費宣伝は、それより5年前の57（昭和32）年の椎茸まつりに始まる。

この年の7月31日から8月4日までの5日間、乾しいたけを世に広めることを狙いに日本橋三越本店を拠点としていろいろな催しが行われた。

全国乾椎茸品評会出品物の展示即売、協賛業者の乾しいたけや、きのこ缶詰などの販売をはじめ、「椎茸まつり」の提灯で、ぐるりと飾られた三越屋上演芸場では、8月3日、4日の両日、産地民謡大会が開かれ、遠く宮崎県諸

塚村から馳せ参じた一行や、群馬・熊本・大分の各県生産者代表に、それぞれの郷土出身の新橋の芸者さんも加わり歌と踊りが華やかに繰り広げられた。

肥後民謡「キンキラキン」「田原坂」「五木の子守唄」を新橋の梅寿さんが唄い、千代菊、さわ福さんが踊り、次いで姉さんかぶりで赤い腰巻姿の17歳から24歳の早乙女8人が踊る。

再び新橋芸者の「おてもやん」、大分民謡の「コツコツ節」、そのあとは「箕踊り」、最後は群馬の「八木節」を、しいたけ浴衣にしいたけ鉢巻姿で、「サーテ皆様、しいたけこそは栄養豊富で香りも高い」と唄いはやし、踊りまくった。

産地民謡大会
(写真：村山善一)

また、8月1日、2日にはしいたけ関係者による都内各所パレードが繰り出された。東京椎茸同業会代表の先導で、日本経済新聞社の大型宣伝カーを先頭に、森産業、帝国食品、川口屋商店の宣伝車、都内椎茸問屋の店名入り提灯をかかげた装飾車数台が列を連ね、早朝7時の築地市場を皮切りに、2日間にわたって都内の盛り場をパレード、しいたけの高い栄養価値を訴えるビラや風船を配った。

当時の関係者の乾しいたけの消費を伸ばしたいという意気込みと熱き思いは、50数年たった今もひしひしと伝わってくる。

◉アメリカにおける乾しいたけの消費宣伝

ジェトロは1960（昭和35）年から対米食品輸出振興事業を実施し、菓子類、缶詰類、インスタント食品、調味料、酒、茶、しいたけ等31品目の輸出の促進をはかった。

現地での乾しいたけの評価は、欧州の乾マッシュルームを知っているヨーロッパ系人種の多いニューヨークでは、その類似品と思われ興味を呼び、欧州産とはどう違うのかとの質問もあった。会場屋台では、乾しいたけをバター焼きにして出したところ風味がひじょうに良く評価されたが、柄が固くて残した人が多かった。しいたけ缶詰は、フレンチマッシュルームより色・香りも良く、形がよく揃い、固い柄がないことなど、試食の結果は評判が良かった。

ただ、しいたけの英名表示のSHIITAKEが英語のSHIT-TAKE（くそくらえ）と発音が類似しており、魅力的な名前に変えるなど工夫が必要との意見もあった。

日本国を代表した東南アジア椎茸ミッション ◉

昭和50年代、香港・シンガポールに毎年、椎茸ミッションを派遣しているが、現地では商工業の総元締めの中華総商工会への表敬訪問や主要新聞・雑誌記者との懇談会がもたれ、派遣前後の数日、マスメディアに大きく取り上げられ、報道されたものである。

1981（昭和56）年であったと思うが、シンガポールでの記者との懇談会で、この国の最有力新聞『ストレイツタイムス』の女性記者の、しいたけとはまったく無関係な質問には驚いた。

「フランスのクレソン首相（女性）は日本を好きではないようですが、どう思いますか」と聞かれたのである。当時、クレソン首相の日本嫌いは有名で、わが国でも報道されており、女性記者にしてみれば日本を代表してきているのだからと考えていたに違いない。

当時、香港・シンガポールでは、このエピソードからもうかがえるが、椎茸ミッションを一国の代表の一つと受け止めてくれていたのだろう。

ちなみに、女性記者へは、「日本は昔からフランスの文学や映画文化が大好きなのに、片思いのようで実に残念で悲しい」と答えておいた。

クリントン米大統領の贈りもの ◉

1998（平成10）年11月、クリントン米大統領が訪日した際、業界が感激しそうなエピソードを残していった。大方の一般紙も11月20日付でそれを報じているが、『読売新聞』は次のように伝えている。

「小渕首相は20日昼、クリントン米大統領を東京・銀座の料理店『天一』に招待した。大統領は日本酒も口にして『天ぷらは大好き』と上機嫌で『しいたけが美味しい』と首相に語りかけると、首相は『私は首相に就任するまで日本椎茸農業協同組合連合会の会長だった。しいたけは貿易摩擦と無関係なのがありがたい』と応じた」と。

この新聞記事を見たしいたけ関係者はたぶん喝采したと思うが、何千万人という途方もない人々（読者）に〝しいたけは美味しい〟というイメージを与えてくれたのである。

第三章

復活への課題と未来につなぐ灯

明日への道

時代の追い風が吹いている今がチャンス

事をなすに当たって「天の時・地の利・人の和」が揃《そろ》えば間違いなく成就するといわれている。

乾しいたけは、昭和の終わり頃から食生活の変革のなかで消費離れに悩まされているが、それは乾しいたけに限らず、かんぴょう・高野豆腐・葛《くず》など古来からの伝統食品は皆、同様の運命をたどっている。食の簡便化・洋風化など時代のニーズにそぐわず、天の時に見放されていたといってよい。中国産の激増もまた同様で、せっかくの地の利を生かすことができなかったということだろう。

ところが、数年前から食育など食生活の見直しや中国産の敬遠など時代のニーズは明らかに変わってきており、国産乾しいたけにとって天の時・地の利を生かせる願ってもないチャンスが訪れている。

ただ、追い風が吹いてきたとはいっても、乾しいたけがその風を摑《つか》まなければ空しく通り過ぎ、消費に結びつくことはないだろう。

風を摑むためには、中国産や生鮮きのこ類との競合、定番料理の再生、またいぜん、根強い簡便化志向などの課題に真正面から取り組み、解決しなければならない。

いずれにしても消費者が乾しいたけに関心をもってくれなければ話にもならないわけで、最も力を入れなければならないのは、やはり消費宣伝といってよいだろう。

手を抜いてはいけない中国産との差別化

この数年来、中国産品のイメージが大きく傷ついているだけに、消費者はまだまだ中国産乾しいたけを厳しい目でみているが、最近、しいたけ以外の中国産野菜の輸入は増えつつある。

人の噂《うわさ》も七十五日、時とともに嫌な記憶も薄れてゆくに違いない。それを考えると、中国産との差別化をさらに図る必要がある。

　幸いなことに、ほかの農産物とは異なり乾しいたけは国産が原木栽培、中国産は菌床栽培と、栽培形態が違い、今の消費者意識とも響き合う得がたい強みをもっている。

　この強みを生かすためには、美味しさや安全・安心面などの点で、さらに中国産との差別化を徹底させることで、同時に消費者に国産と中国産との違いをもっと広くアピールする必要がある。

生しいたけなど生鮮きのこ類との競争を、どう生き抜くか

　10年近く前、ペプシコーラは、競争相手のコカコーラよりも優れているという比較広告キャンペーンをはったことがある。あまりにもどぎつすぎると批判はあったが、消費者にとっては違いが明確にわかり、それなりの効果を上げた。

　生しいたけをはじめ生鮮きのこ類は消費者をしっかりと摑んでいるのに比べ、美味しさの点で勝っているはずの乾しいたけが今も消費を減らしていることを考えると、ペプシがやったような違いが際立つ比較キャンペーンを取り入れるべきだろう。

　違いのキーワードは、今日の消費者に関心の高い「安全・安心と美味しさ」、それに、近年注目を浴びている、環境に優しい「エコ食品」である。

　国産乾しいたけは原木栽培オンリーであるのに対し、生鮮きのこ類は、生しいたけは20％ほど原木栽培も残っているが、ほかの生鮮きのこは菌床栽培が主体で、これは中国産にも通じるが、栽培形態の違いが狙い目である。

乾しいたけが頭に思い浮かぶ料理を世に送り出そう

　乾しいたけを使うと味は増し美味しくなる。乾しいたけにはグアニル酸が含まれ、昆布《こんぶ》のグルタミン酸、鰹節《かつおぶし》のイノシン酸とともに三大うま味成分と称されたのは昔のことで、その後、いろいろの食品のうま味が見つかったせいか、最近はあまり聞かれない。

　とはいえ、乾しいたけは料理の質を高めるすばらしい食材には変わりない。

　かつては〝巻きずし〟や〝散らしずし〟のように、乾

しいたけ抜きでは味がしまらない、乾しいたけとの相性がよい料理がいくつかあったが、最近は食卓に供されることが少なくなった。

ＮＨＫ「今日の料理」は十数年前に全国の消費者アンケート調査を集約し「21世紀に伝えたいおかずベスト１００」を発表しているが、１番は肉じゃが、次いで2番目に散らしずし、そして7番目筑前煮、21番目太巻きずしが挙がっている。

乾しいたけの潜在的ニーズはいぜん、なくなってはいないのである。時代は本物志向へと変わりつつあり、乾しいたけが必須食材の料理を蘇らせる絶好のチャンスである。

正月のおせち料理の含め煮、節分は恵方巻き、雛節句は散らしずしなど、なんとかして再び、世に広めたいものである。恵方巻きは大阪の海苔店がうまくＰＲし、全国に広げることに成功した代表例である。巻きずしの中身は、以前はしいたけ・かんぴょう・高野豆腐が定番で必ず使われ、それに卵焼き・三つ葉も入ることはあったが、今ではこれらの定番食材が入るのは珍しく、ほかの食材に置き換えられている。海苔業界との連携を考えるべきだろう。

同時に、例えばカレーライスなどに乾しいたけを使うといった新しい定番を作ることにも挑戦しなければならない。

とはいっても、「二兎を追う者は一兎をも得ず」の諺《ことわざ》もあるように、成果を挙げるには、和・中・洋それぞれ1品か2品にとどめるべきで、品数が増えれば一品の認知度は弱くなり結局、何一つ得られないだろう。それらが根づいたら、次を考えればよい。

風を摑む今一つの手は〝話題性〟

バナナ人気は今こそ下火になったが、一時はスーパーの店頭に並ぶと、たちまち姿を消す売れ行きで、バナナのイメージを一新した。そのきっかけは体重１００kgをも超すオペラ歌手のバナナによるダイエット効果がマスコミに大きく取り上げられたことに始まった。

最近、れんこんにも人気が出ているらしい。れんこんは切ると、切断面にいくつかの穴が空いているが、片方の穴から向こうが見通せることから、先が見えるということで、人を惹きつけるのだという。

人気というのは思わぬことから生まれ、れんこんに至ってはまったく他愛もないことのように感じられるが、それなりの理由はある。

バナナ人気は、成人ばかりか子供までメタボ対策が必要な現代社会における自衛反応といえるし、れんこんの場合は、世界的な不況に巻き込まれ、先行きがまったく見えないなかでの溺れる者は藁《わら》をも摑む心情に違いない。

いずれにしろ、人気は、それを受け入れてくれる時代背景、換言すると時代のニーズがなければ出てくるわけはない。

乾しいたけが昭和40年代後半から、自然健康食品として爆発的な人気を博したのも、高度経済成長の最盛期で、光化学スモッグやカドミウムなど各種公害や、自然破壊が全国各地で問題化し、人々が健康や自然の大切さに改めて気づかされた時代背景があったればこそといえる。

とはいえ、嗜好品にすぎない乾しいたけが脚光を浴びることができたのは数多《あまた》の食品のなかで、いちばん最初に自然健康食品イメージをアピールしたからである。

健康に良いというのは今も変わらぬ話題性はあるが、多くの食品が健康への効用を謳《うた》っており、そのなかで特徴を出すことの難しさや、薬事法の規制もあり容易なことではない。

現在、人類が直面している最大の課題・関心は温暖化など地球環境問題である。

太陽光発電、エコ住宅や車への助成、エコポイントの導入など、〝環境に優しく〟は人類の生存をかけた時代の課題である。

イギリスのある地方では、すでに、小売店に並ぶ農産品には店頭に届くまでのエネルギー使用量がわかるフードマイル（輸送距離）や、その農産物の栽培にどれだけエネルギーを要したかを示す二酸化炭素排出量の表示が始まっているという。

消費者がフードマイルや二酸化炭素の排出量の小さい品物を選ぶ時代が、そこまで来ている。

乾しいたけは環境に負荷をかけない自然の力をフルに活用する半自然的な栽培であるだけに、菌床培地の生産や暖冷房・施設などにエネルギーを多用する生鮮きのこ類、また、他農産物に比べ、二酸化炭素の排出量は比較にならないほど少ない。

乾しいたけは1975(昭和50)年前後、時のニーズ、自然健康食品の火付け役で話題を呼んだが、今、話題性を求めるとすれば「エコ食品」しかない。それも他農産物に先駆けいちばん最初にアピールすることで、初めて話題性は生まれる。

二酸化炭素排出量が、乾しいたけと生しいたけをはじめ生鮮きのこ類とではいかに違うかを数字の面で明らかにすることを急がなければならない。

付加価値化に成功すれば展望が開ける

付加価値化にはいろいろのやり方があり、限りのない世界といえる。

乾しいたけ加工品のスライスはその一つで、簡便化志向のなかでユーザーをつなぎとめる役割を果たしている。

とはいえ、乾しいたけはスライスを除いて、加工品化の遅れは否めず、見るべきものは少ない。そのスライスにしても規格化がなされてないなど業界の対応は十分とはいえない。

本物志向の時代がやってきているが、簡便化は大きく後戻りするとは考えられず、乾しいたけも使い勝手をよくしなければ消費に結びつくこともなく加工品化は避けて通れない道である。

加工品化は付加価値を付けるに有力な手段といえるが、それ以外にも付加価値を付ける手はある。

先年、『朝日新聞』の「補助線」欄で紹介されていたが、女性の裸体を模したペットボトルに入ったブランド米「あきたこまち」を、格好がいい体を表すナイスボディをもじって、ライスボディという名前で売り出したところ人気は上々という。

新しい売り方が米に付加価値を与えたといえるが、現に乾しいたけで行われている海苔《のり》や茶などとの詰め合わせも付加価値化の一つである。

かつての「しいたけを食べると健康になる」や、「エコ食品」も、その範疇《はんちゅう》に入るだろう。

他人《ひと》に乾しいたけを贈ると、今でも、高価な貴重なものをいただきありがたいと感謝されるが、この貴重品イメージも、それに該当する。

ある中華料理店主から聞いた話ではあるが、天白どんこやこうしんの優良品を一つずつビニールの袋に入れ、1袋500円で客に販売したところ、用意していた品は日をおかず、瞬く間に捌《さば》けたという。嗜好品である乾しいたけは安くすれば売れるというものではない。

安くなることは付加価値が落ちることを意味しており、高級感・貴重品感がなくなってしまい、消費を減らすことを、この20年間、われわれは痛いほど経験してきた。

加工品のように有形のものも有用であるが、無形の付加価値化に業界はもっと知恵を絞るべきだろう。

家庭用需要をしっかりと摑むことが第一

乾しいたけの需要分野別シェアは現在、家庭用は3割程度にまで減り、業務用が7割を超えている。業務用はこれからも伸びる可能性が高いだけに無視することはできないが、乾しいたけ離れを食い止めるには、まず家庭用をしっかりと固めることが第一と考えたほうがよい。

家庭において乾しいたけを食べなくなる、つまり消費者の乾しいたけへの関心がなくなれば、業務用にも影響を及ぼすのは必至で、業務用の需要をも減らすに違いない。

それに、業務用には中国産という手強い競争相手が厳然と控え、業務用のニーズともいえる価格・安定供給などの面で、国産が太刀打ちするのはきわめて難しい。

業務用のなかで、国産が使ってもらえそうな分野は安全・安心や美味しさにこだわりのある給食用・外食用など限られており、一般的な加工分野では中国産が圧倒的に強く国産に勝ち目はない。

国産も菌床栽培ものであれば業務用のなかでも需要を摑めると期待する向きもあるが、価格・安定供給のいずれも、中国産にはとうていかなわないだろう。

それに、菌床栽培ものが市中に出回るようになれば家庭用にも影響が及ぶ懸念がおおいにある。というのも、家庭用は原木栽培もの、業務用は菌床栽培ものと棲み分けられればよいが、市場経済のなかでそれはあり得ず、家庭用に菌床栽培ものが雪崩《なだ》れ込んでくるのは目にみえており、数年前まで、家庭用に進出してきた中国産に泣かされた同じことが起きるに違いない。

せっかく、国産は中国産や生鮮きのこ類との差別化で、原木栽培というかけがえのない有利な得物をもっているというのに、手放す愚を冒してはならない。

イメージアップには一にも二にも消費宣伝

中国産や生鮮きのこ類との差別化は言うに及ばず、乾しいたけの定番料理の定着化も消費者に伝えることができなければ、しょせん独りよがりに終わり、消費に結びつくことはない。

乾しいたけの持ち味・良さを、消費者にどれだけうまく伝えられるかが勝負の分かれ目で産業の盛衰がかかっているといっても過言ではない。

自動車メーカーは新車発売時、1週間で10億円規模の広告宣伝費をかけるというが、売れ行きいかんが企業の存亡に結びついているからにほかならない。

乾しいたけは自動車産業とは市場規模が比較にもならない零細産業ではあるが、消費宣伝の必要性には変わりなく、乾しいたけ離れが進んでいるだけに、なおさら必要といえる。

消費宣伝活動の具体的な方法であるが、これまで仔細《しさい》に述べてきた乾しいたけの現状に始まり、消費環境や、時代のニーズといったなかに、その答えはすべて出尽くしている。

列挙すると以下のとおりである。

①中国産や生鮮きのこ類との競争には差別化しか方法はないだろう。国産乾しいたけの良さ、中国産や生鮮きのこ類との違いを消費者へ明確に伝えなければならないが、比較広告が最も効果的といえる。

②乾しいたけの定番料理としては、まず潜在ニーズの高い〝散らしずし〟〝巻きずし〟〝含め煮〟〝筑前煮〟などの再生、それに新たな定番料理の創出ということになるが、その数が多ければ焦点はボケ、結局、何も得られない。とりあえずは和・洋・中それぞれ1品か2品に絞り、それら選んだ料理を小売り店頭でPRするのをはじめ料理教室では必須のメニューとし、テレビ・

新聞・雑誌などでの消費宣伝、また口コミなどでも、その定番料理を集中してPRすることである。

③話題性も同様で、エコ食品のPRを、あらゆる場・あらゆる手段を使い、立て続けに行うことで、初めて話題性が生まれる。

④乾しいたけに無関心な人たちを取り込むには、店頭での試食や料理教室など、直接、乾しいたけに触れ、口で味わい、耳から情報を入れる、つまり五感――口(味覚)・鼻(嗅覚)・目(視覚)・耳(聴覚)・皮膚(触覚)――に訴えることで、エコ食品などの話題性も加え、全国各地で、店頭試食、料理教室などの機会を可能な限り多くもつことである。

⑤さらに、子供の時代から乾しいたけに親しんでもらうには、気の長い話ではあるが、先の事を考えると、現在、業界が行っている小学校への「ほだ木提供事業」も意義はある。

料理教室は広い大海の水をひしゃくで掬《すく》うようなもどかしさ、また子供たちのしいたけ栽培も効果は直ぐには現れないが、乾しいたけへの親しみの輪が広がるのは確実で、無関心層には、きめ細かい地道な努力を積み重ねていくしか手はないだろう。

いずれにしろ消費宣伝には〝PRのターゲットは誰か〟〝何を訴えるのか〟狙いを明確にするのが、まず何よりも必要である。

現在、乾しいたけを使ってくれている人はもちろん大事だが、乾しいたけに無関心な人たちにも働きかけなければ消費は伸ばせない。

主婦の7割はスーパーなど小売店に入ってから献立を決めるというが、そのとき乾しいたけを使った料理が思い浮かぶかどうかが勝負で、それを考えると、消費者のみならずスーパーなど小売店への働きかけがたいへん重要で忘れてはならない。

それにしても現在の乾しいたけの消費宣伝費はあまりにも少額で、1億円規模ぐらいまで増やさなければ成果は得られないだろう。

乾しいたけ産業の明日は一にも二にも、消費宣伝にかかっている。

生産・流通の課題

供給者視点から消費者視点へ（プロダクトアウト・マーケットイン）

きのこ類の消費は、これまで伸長の一途をたどってきたが、6～7年前から伸び悩み50万トン前後で頭打ちしており、生鮮きのこの多くは、生産が増えれば価格を下げるなど消費市場の成熟化がうかがえる。

きのこ類はまだまだ伸びると信じられていた神話の崩れで、今後、きのこ間競争はこれまで以上に激しくなるに違いない。

これは、すべての商品にいえるが、需要が伸びているときは生産に一生懸命に励んでいれば、それで十分事足りた。しかし業界がいま直面しているように、需給バランスが絶えず供給過剰状態に陥りやすくなってしまうと、何をおいても消費者に顔を向けなければ生き残ることはできない。

コストダウンや省力化、また、1本当たりの収量など、常に生産の主要課題として挙げられているが、たとえ、それを成し遂げても消費につながることはない。

というのも、生鮮きのこをはじめ、数多くの食品が市場に満ちあふれている現在、生産費の下げなどで販売価格を安くしても、価格の安さだけで消費者が乾しいたけに目を向けることなどあり得ない。乾しいたけは日常的に使う必需品ではなく嗜好食品で、価格の安さは、値打ちの低下にもつながり、贈答用は言うに及ばず家庭消費をも減らすことは、ここ20年、痛いほど思い知らされたはずである。

もの余りの今、消費者は気に入ったものしか買わない時代で、むしろ、今よりもコストや手間暇をかけても消費者の目に留まるような乾しいたけ作りに取り組まなければ生きる道はなく、これまでとは百八十度、頭の切り替えが必要である。

流通業者もまったく同様で、消費者により近いだけに時代の変化に敏感であってよいはずなのに、相変わらず、生産された乾しいたけをユーザー・消費者へ右のものを左へ移すだけの商法から脱し切れてない。選別やスライスなど多少の付加価値化はされているが、他業種に比べると出遅れており雲泥の差がある。

需要の心配がなく、作れば売れた時代は、供給者の論理・視点でも通用したが、今は消費者に乾しいたけを選んでもらえるか否かに乾しいたけの将来がかかっている。

乾しいたけ業界にとって、今、最も必要なことは「消費者の心を摑む」すなわち「プロダクトアウト・マーケットイン」への発想の転換である。

他業態ではすでに三十数年前に消費者視点でとらえており、この遅れが消費者の乾しいたけ離れの一因にもなっていることを見落としてはならない。

「美味しい」と感嘆の声があがるような乾しいたけを作る

くる病の予防効果は戦前から言われていたが、当時の乾しいたけは、傘は薄っぺらで皺《しわ》だらけ、裏も褐変化していて、それほど美味しかったとは思えない。

それでも乾しいたけが珍重されたのは、市場に出回る量は限られ希少価値があったからに違いないが、昔から代々受け継がれてきたブランド品に通ずる高価な貴重品イメージが大きい。

その後、乾しいたけのセールスポイントは自然健康食品イメージへと変わっていくが、今日、貴重品イメージは言うに及ばず、自然健康食品の記憶も薄れ、乾しいたけにまったく関心を示さない人たちが増えている。

離れてしまった人たちを呼び戻すには、乾しいたけの新たな魅力、つまりセールスポイントがぜひ必要である。

食の機能は「栄養・嗜好・保健」にあるが、食品の魅力は、それらの機能が果たせるかどうかで決まるといってよい。機能のすべてを持ち合わせていれば申し分ないが、一つでも他食品に抜きん出ていれば大きな魅力となりうるだろう。

乾しいたけの場合、ビタミンD・食物繊維が多く含まれていることや、コレステロール・高血圧低下・抗腫瘍などの栄養・保健作用は大きな魅力に違いないが、いわれ出して時があまりにも長くたち新鮮味を失っている。再度、今風にリフレッシュしPRしてみてはどうだろう。

目新しいものとして、これまで骨の代謝促進効用をいわれてきたビタミンDは、最近、それ以外にも大腸がんや、アンチエイジング（抗加齢）効果もあることが明らかにされている。それに今一つ、これもこれまでまったくPRしてこなかったが、生活習慣病予防に効果的なカリウムもある。乾しいたけは食品のなかでも断トツといってよいほどカリウムが豊富に含まれている。

人々の健康への関心は高く、食べれば健康になるというのはアピール度が抜群といってよい。薬事法との関係もあるが乾しいたけの消費を伸ばすのに、これほど強力な手はなく、ぜひ再挑戦すべきだろう。

今日、消費者の安全・安心への関心は高いが、食品であれば当然のことで、それだけでは乾しいたけが選ばれることはあり得ない。

乾しいたけの新たな魅力、セールスポイントを構築するに当たって、絶対に見落としてはならないのは、やはり美味しさである。

乾しいたけに慣れ親しんでくれている消費者はもちろんのこと、関心のない人たちも、食べて美味しいとなればまた使う気持ちになってくれるに違いない。

ところが課題は、以前に比べ乾しいたけは不味《まず》くなったとの声が、あちこちから聞かれ、香港では日本産には苦いものもあるとの厳しい意見まで出ている。

これまでの乾しいたけ作りは色沢や形状に重きをおいてきたが、これからは美味しい乾しいたけ作りに専心すべきで、種菌の開発・栽培の仕組み・乾燥・保管など、業界は一丸となって取り組む必要がある。

自然に近い原木栽培の良さをもっと生かす

今日、農産物の多くは農薬や化学肥料で栽培され、ハウスなど施設栽培も盛んで、季節にかかわらず年中出回っている。いつでも新鮮な農産物が容易に手に入る便利さは捨て難いが、旬の喪失は季節感にとどまらず食品本来の栄養成分や美味しさをも損なうことから、最近、より自然な本物の農産物を求める消費者は増えている。

そんななかで、原木栽培は自然に近い栽培形態だけに、中国産や生鮮きのこなど菌床栽培ものとは違い、消費者を惹きつける得がたい強みをもっており、今後、将来に期待がもてる。

とはいっても、きのこ間競争は厳しく、そのなかで生き残るためには原木栽培の自然の良さをより高める工夫・努力が必要である。

原木栽培も灌水などの施設化は避けられないが、旬や自然の風味を損なわないことは当然として、常に消費者にどう受け止められるかが念頭になければせっかくの自然性の良いイメージは壊れ、虻蜂《あぶはち》取らずに終わってしまうだろう。

消費者の心を摑むためには費用や労を惜しむべきではない

原木栽培は、重量のある原木を取り扱ううえに、栽培地は山地が多く、労働強度はきわめて高い。生しいたけ栽培が原木から菌床に変わってきたのも、乾しいたけ栽培の後継者が見つからないのも、重労働が原因の一つであるのは確かである。

作業を効率よくし、かつ労働強度の軽減をはかるためには、省力化・機械化は避けては通れないが、しかし、その際、頭に入れておかなければならないことがある。

一つは、消費者の視点である。

乾しいたけの最大の課題は消費の維持拡大であるが、消費者の目を乾しいたけに向けさせるためには付加価値化がぜひ必要で、むしろこれまで以上に人手やコストをかけなければならない。

省力化や機械化は手段にすぎず、そればかりにこだわっていては本当にやらなければならない付加価値化が疎《おろそ》かとなり、安かろう悪かろうの消費者不在のしいたけ作りになってしまうに違いない。

今一つは、栽培が効率よく簡単にどこでもできるようになれば、原木栽培も山村から里へ、さらには企業の手で行われるようになるのは目に見えている。菌床の生鮮きのこ生産が、今では企業が過半数を占めていることからも明らかである。

山村から乾しいたけが離れないのは、原木調達や栽培が容易でなく一筋縄ではいかないからで、それを忘れてはならない。

トレーサビリティと乾しいたけ

ここ数年、農産物の農薬汚染や食品偽装が次々と発覚し、消費者の食品の安全・安心への関心は、かつてないほど高まっている。

そんなこともあって消費者は食品の栽培方法、さらには流通をも含め、消費者の手に入るまでの履歴に強い関心を抱くようになってきており、現在、それらの記録を明確にさかのぼれるトレーサビリティが多くの農産物で取り入れられている。

生産者は面倒がらずに、これまで消費者に届くこともなかった生産者の声を伝える得がたいチャンスと前向きに受け止めたい。

乾しいたけの場合、大分県が先頭を切り、宮崎県、愛媛県と続いているが、ただ、いずれも産地など限られた情報にとどまり、消費者の知りたい履歴情報を十分に伝えているとはいえない。

消費者の期待にいま一つ応えられないのは、乾しいたけは統一規格もなく一箱単位の取引で、生産者から出荷された乾しいたけは一般的に生産者、ときには産地とも無関係に業者段階において選別包装され、消費者に渡っているからである。

それというのも、個々の生産者の生産量が僅少なことから消費者への直接販売であればともかく、規格化商品が必須要件の市場流通では、生産者の乾しいたけの栽培履歴をそのまま業者以降にまで継続させるのはほとんど不可能といってよい。

さて、それではどうすればよいかであるが、要は「安全・安心」「美味しさ」など消費者の関心事を正確に間違いなく消費者に伝えられればよいわけで、個々での対応が難しければ、栽培履歴を同じくする者の乾しいたけをまとめ、履歴表示をしたらどうだろう。

それができれば一定数量の確保はでき、業者の選別過程での栽培履歴付きの商品化も可能となるに違いない。

まず「安全・安心」については、消費者の最大の懸念は農薬使用の有無で、原木栽培はほとんどが「農薬類は一切使用していません」と表示できそうである。

「美味しさ」は、種菌の種類、原木の樹種、榾場（自然・人工）、乾燥方法（火力・天日）、それに産地、保管方法（冷蔵）などが関係すると考えられるが、そのなかで、「産地」や「保管方法」の表示はさして難しくはない。「種菌」「榾場」なども同種類であれば乾しいたけの形状・色沢は似通っているので、それほど困難とは思えない。「乾燥方法」はほとんど火力乾燥なので、それを表示すればよい。

実現化には業者に負うところが大きいが、消費者の求めでもあり、乾しいたけ離れの一因にもなりかねないだけに導入を急ぐべきである。

消費者への直接販売

最近、庭先やインターネットによる直接販売が増えている。生産者の乾しいたけを高く売りたいという気持ちはわかるが、本当に、それが最良の手といえるだろうか。

というのも、日常、常に食べる食品であればともかく、乾しいたけはたまにしか食べない嗜好食品で、激しい食品間競争のなかで生き抜いていかなければならない。

今日、乾しいたけに関心がない人は増えているが、庭先やインターネット販売は、乾しいたけが好きで食べたい消費者に限られ、無関心層にはまったく無縁で何のかかわりをももたない。消費を伸ばすためには、これらの無関心層への働きかけが最も大事で、それには消費宣伝活動と同時に、消費者に近い販売の先兵ともいうべき数多くの流通業者のきめ細かい対応なくしては望めない。

乾しいたけのように無関心層が大半を占め、しかも日常的には食されることが少ない食品は、集散機能を本務とする市場流通があくまでも本流で、直接販売は美味しさや安全・安心面などの点で、他者とは異なる独自のこだわり商品にとどめるべきだろう。

課題の多くは、乾しいたけに夢がもてれば解決

1985（昭和60）年頃、生産者数は9万戸もあったが、最近では1万戸にまで激減している。この2～3年はわずかながら増えてはいるが、生産者年齢は65歳以上が過半数を占め高齢化は進んでいる。

07（平成19）年頃から価格は好転しており、植菌量や新規参入は増えると思っていたが期待したほどは増えていない。

生産者の多くは乾しいたけの明日に夢が抱けないのであろう。このような生産者の心理状態のなかでは、周囲がいくら熱心に植菌や新規参入を勧めても効き目は薄い。乾しいたけの将来性を問われているわけで、乾しいたけに夢がもてれば黙っていても国内生産量は増加に転ずるだろうし、後継者を含め新規参入も出てくるに違いない。

乾しいたけの将来は、消費者の心を乾しいたけが摑めるかどうかにすべてがかかっている。

草鞋も山の肥やしなり

原木栽培は、原木の調達から栽培過程全般にわたって、自然に委ねる度合いはきわめて高い。地域が違えば温度・降水量など気候や森林植生は大きく異なり、また同一地域でも箇所によって気象・地形は微妙に違い、まったく同じ条件のところはほとんどない。さらに気候は年により四季それぞれ、これまた異なり同じではない。

原木栽培は、気難しい自然が相手ということもあって、米や野菜など一般農産物に比べ、科学的な解明も十分とはいえず、それだけに自然から学ぶべきものは多い。

もう二十数年も前になるが、70歳を超える生産農家のCさん（女性）からうかがった話である。ご主人と乾しいたけ栽培に取り組んで50年近くにもなるが、今でも毎日、朝早く榾場に出かけるのが何よりの楽しみだという。季節や日によって、また、その日の天候で榾場の表情は大きく違うという。榾場を回っていると、ときには得意げ、あるときは何かを訴えるようで、その表情の変化を見ていると、毎日見ていても飽きることはないというの

である。

Cさんの作る乾しいたけは、つねに地域の平均価格より1000円以上高い。長い栽培キャリアに基づく優れた技術・経営戦略がそれを可能にしているのだが、それにもまして人一倍熱心な榾場回りが目に見えない力を発揮しているのだろう。

「草鞋《わらじ》も山の肥やしなり」というなんとも含蓄深い言葉を先人は残している。

昔は山を歩くのに草鞋をはいていたが、山を歩き回ればいずれ草鞋は擦《す》り切れ役には立たなくなるが、捨てられた草鞋は山の肥やしとなって樹木を育てるというのである。

とにもかくにも山を歩き回る、すなわち、山に触れる機会を多くすることが何よりも大切なことを教えている。まったく同じことを意味する「しいたけの肥料は榾場の足跡」という言葉が静岡県の伊豆地方に伝わっているが、この地が今も品質に優れた有名産地でありつづけているのは、それを実践している生産者が数多くいるからに違いない。

温暖化で気候は変わってきており、とりわけ空中湿度が低く山は渇きぎみで、原木栽培は以前よりも難しくなっている。母親が物言わぬ赤ん坊の気持ちがわかるように、榾木・榾場と対話ができるようになりたいものである。

山村と共に生きるきのこは乾しいたけしかない

昭和50年代中頃のきのこの生産額は約2300億円で、現在もほとんど変わっていない。

この30年間、きのこの生産額は横ばい状態といってよいが、きのこの生産は山から里へ下りてしまった。それだけではない、30年前には農山村の農林家が主たる栽培者であったのが、菌床栽培による生鮮きのこの出現で栽培が容易となって、スケールメリットの追求が可能となった結果、企業が積極的に進出し、現在では過半数以上が企業の手に移っている。農林家所得は、この30年間で半減したわけで、とりわけ所得機会の少ない山村にとっては我慢がならない。

そのなかで、自然に近い原木栽培にこだわる乾しいたけだけは、これからも山村を離れることはないだろう。

市場は流通の要

乾しいたけの生産は大分・宮崎・熊本など九州地域で全国生産量の7割を占め、その他の主要産地としては岩手・愛媛・静岡・栃木・茨城・新潟・岡山・島根・三重・福島などがある。

一方、流通業者は、かつては阪神地域に有力業者が集まっていたが、現在は九州・静岡がとって代わり関東以北は皆無といってよい。

市場の最大の役割は、この各地に分散している小規模生産の産地と、これまた各地に散らばっている業者とを結びつける集散機能にあるといってよい。

市場へ出荷する生産者は、常時、品柄・品質を問わず出品物全量が値段良く売れることを願っており、また買参業者は欲しい品柄・品質の品物を希望数量、適正妥当な価格で手に入れることを望んでいる。

市場がこれら生産者・業者双方の願望を満たすためには、出品販売量や品柄・品質などの品揃えが十分なことと、業者の購買能力、つまり品柄・品質の異なる出品物全量を買い切るだけの有力業者の買参がなければならない。

乾しいたけ市場の役割はそれだけにとどまらない。生産者・業者ともに零細なだけに、市場は流通の要《かなめ》として、物流・商流の円滑化に欠かせない産地の作柄・品柄・品質などの生産情報や、売れ行き・価格などの消費情報、それに需給状況などを受発信する情報センター的役割をも求められている。

乾しいたけ市場は2010（平成22）年現在、生産者団体11市場、商系8市場、合計19市場で、年間500トンを超えるのは大分県椎（519トン）のみで、次いで全農（278トン）、以下日椎連（214トン）、日田合同（198トン）、愛媛県森（166トン）、宮崎経済連（166トン）、やまよし（148トン）、マルゴ日田（140トン）、熊本県椎（135トン）、九物食品（108トン）、川並（61トン）、明商椎茸（49トン）、伊豆の国（40トン）、鹿児島県椎（19トン）、九南椎茸（19トン）、岡山県森連（11トン）、三重県椎（9トン）、飯伊森（3トン）、佐伯商協（3トン）と続き、大半が零細市場である。

乾しいたけ市場は国内生産量が1万トンを超えていた時代から、その役割を十分に果たしてきたとはいえないが、3000トン台に落ち込んだ現在、いよいよ機能不全に陥っている。

業者は仕入れコストのかかり増し、生産者は安値に泣き、流通コストの低減を強く望んでいる消費者の期待にも応えられていない。

また、市場経営の健全性も無視できず、それらを考えると1市場500トン規模ぐらいに再編統合すべきだろう。

業者が元気を出せば明るくなる

しいたけの業者は昭和50年代、全国で200社を超えていたが、2011（平成23）年現在は100社前後にまで半減している。ここ20年余、消費者の乾しいたけ離れ、中国産の激増のなかで、取扱量・販売単価は下がり、販売額が大きく落ち込んだのがこたえたのだろう。

業者にとって、国産に代わる中国産は、登場した当初は取り扱いが容易で利益率も高かったが、中国産の激増で慢性的な供給過剰状態に陥り、加えて食品メーカーなど直需者の直接輸入が増え、取り扱ううま味はしだいに失せていた。

さらに4～5年前から中国産品の農薬汚染や食品偽装の社会問題化で、家庭用は言うに及ばず業務用にも中国産敬遠の動きが出てきており、いよいよ中国産は一部の業者を除き取り扱うメリットがなくなっている。

今一つは輸出の不振で、盛況時には香港・シンガポール・北米などに年間4000トンも輸出していたのが、今日では数十トンにまで激減している。そのなかで、廃業・倒産した業者が続出したがいずれも大手であっただけに業界に大きな穴があいたのは否めない。

業者はこれら八方ふさがりの状況のなかで、乾しいたけに明るい将来展望を抱けず、自信をなくしているように見受けられる。

乾しいたけは、1965（昭和40）年頃までは「高価な貴重品イメージ」「散らしずし・巻きずしなどに欠かせない食材」、その後、昭和50年代は「自然健康食品イメージ」が消費者にうけ、また海外輸出も好調で、業者は、販売面にはそれほど苦労することもなく、仕入れに力を入れていればよかった。

その仕入れは、昭和30年代までは、農家の庭先買いで大きな鞘《さや》は取れたし、その後、市場売買になってからは秋需要（価格の値上がり）を見越して生産期に仕入れをすればだいたいにおいて利益を出せた。平成に入って国産が少なくなると、今度は中国産を取り扱うことで利益はあり、困ることはなかった。

他業種では、かなり以前から仕入れよりも消費者ニーズを摑むことに精魂を傾けているが、乾しいたけ業者の意識は話にもならないほど遅れている。

ここ数年、国産乾しいたけの消費環境は好転し再生の絶好のチャンスが訪れており、乾しいたけが消費者の心を摑めれば明るい展望が開けるに違いない。

業者は消費者に最も近く、乾しいたけ消費の維持確保・拡大のキーパーソンだけに、意気消沈していてはせっかくのチャンスも生かせず業界全体がじり貧になってしまう。

明日に夢をもち元気を出そう。

消費者に顔を向けなければ生き残れない

乾物など保存の利く食品も外気に触れると劣化し本来の美味しさが失われることから、海苔や削り鰹節などでは開封後、再び密封できるチャック袋包装がかなり以前から一般化している。ところが、乾しいたけ業界では費用のかかり増しを恐れてか、いまだに従来包装の袋も姿を消していない。

また、スーパーなどで売られている乾しいたけには生産者の出荷時に比べ色落ちしているものをしばしば見受けるが、業者はあまり気にするふうもない。

乾しいたけの褐変化は時間の経過とともに進むのは避けられないが、選別や保管・袋詰めなど、流通過程のなかで業者が鮮度保持にいま少し気をつければ色落ちを防ぐことはできる。

褐変化が抑えられれば乾しいたけの風味は損なわれず、消費者の乾しいたけを見る目はきっと変わるに違いない。

食生活の簡便化は昭和50年代から急速に進み、利便性の高い食品を求める消費者が増え、加工食品、冷凍食品、さらには調理済み食品など、続々と登場しているが、乾しいたけは他業界とは比べものにならないほど出遅れており消費を減らしてきた。

需給関係において需要が旺盛《おうせい》で供給が追いつかない場合、業者は何をおいても供給側に目を向けざるをえないが、その反対に需要が弱く供給過剰状態の場合は、消費側へ視点を移さなければ商品が捌《さば》けず、生き残ることはできない。

食品はいずれも、とっくの昔から供給圧力のほうが大きく、消費者に選ばれなければ使ってもらえず、他業界では商品の付加価値化をはじめ魅力的な商品作りに懸命の努力をしつづけている。

乾しいたけ業界でチャック袋がいまだに行き渡っていないことなどは、消費者に顔が向いていない一例にすぎない。問われているのは旧態依然たる業者体質で、消費者の乾しいたけ離れの一因となっていることに気づくべきである。

時代は大きく変わっており、業者の生き残る道は消費者に顔を向けるしかありえない。それは乾しいたけ産業の明日を切り開くことでもあるだけに、乾しいたけ業界全体の最重要課題といっても差し支えないだろう。

潜在ニーズを掘り起こし、新しい需要を生み出す

秋川雅史が歌う「千の風になって」ではないが、消費者の心の中に〝ニーズは眠ってはいない〟。供給側、売り手の新商品提案に消費者のフィーリングが合ったときにニーズは生まれる。

その好例が、先にも述べた節分に恵方を向いて〝巻きずし〟を食べると幸せになるという「恵方巻き」である。大阪の海苔屋さんのアイデアが消費者の心に灯をともし、〝燎原の火〟のように全国へ広がってゆき、今では節分の半月も前からスーパーなど小売店の店頭やチラシ広告に大々的に取り上げられている。これで海苔や酢の消費は大きく伸びたに違いない。

ところが、せっかくの巻きずしが売れているのに、中

に入っている具は以前であれば乾しいたけ・高野豆腐・かんぴょう・卵焼き・三つ葉と決まっていたのが、関西はおくとして東京ではほとんど見られず、きゅうりや海鮮品に置き換えられてしまっている。

アイデアを考えるのはたいへんだが、巻きずしは伸びており、それに乗るのは、それほど難しくないのに乾しいたけ業界はそれをもしていない。若い世代好みの時代の流れには抗しようもないと諦《あきら》めているのかもしれないが、挑戦してみなければ何も始まらない。

消費者の潜在ニーズを掘り起こすためには、商品に、これまでとは違う有形無形の付加価値を付けなければならない。乾しいたけ業界、とりわけ業者にはそれが求められており、消費者と向き合う業態へと転換しなければ生き残れないだろう。

乾しいたけに夢と希望をもつこと

競争社会である今の世の中、「棚から牡丹餅《ぼたもち》」は望みえず、明日は業界の自助努力いかんにかかっている。

乾しいたけは、昭和40年代・50年代の黄金時代、全国各地の山村における希望の星で、国・道府県・市町村の手厚い行政指導のなか、生産者・業者・種菌メーカー・資器材業者など業界は、乾しいたけの将来に限りない夢を抱き燃えていた。

当時、自然健康食品ブームの時代で乾しいたけにとって追い風はあったが、その風を摑むことができたのも業界全体が乾しいたけへの夢と希望に満ちあふれていたからにほかならない。

現在、乾しいたけ関係者のほとんどが明日への夢を失ってしまっているように思えるが、今日、中国産が敬遠され、食育など消費環境も好転してきており、乾しいたけにとって復権のまたとないチャンスがやってきており、これまで述べてきた課題をクリアすれば、必ず乾しいたけの展望は開けるだろう。

当事者の生産者・業者が夢と情熱をもたないようではせっかくの追い風も空しく通り過ぎてしまい、千載に悔いを残すことになるだろう。

とにもかくにも業界が活気を取り戻さなければならない。それには何よりもまず、生産者・業者は乾しいたけの明日を信じ、夢と希望をもつことである。

千年も続く輸出の灯を消してはならない

輸出は風前の灯

最近、輸出は中国に抜かれはしたが、わが国はドイツ、アメリカに次ぐ輸出国で、経済を支える大きな柱になっている。花形は自動車・家電などの工業製品で、いずれも鎖国から解き放たれた明治以降から始まっている。

それらに比べ、乾しいたけの輸出の歴史は古い。徳川の鎖国時代も許されていたオランダ商船で途絶えることなく続き千年にも及んでおり、世界の貿易史のなかでも稀有《けう》の存在といってよい。

乾しいたけの輸出は、統計がとられだした1868（明治元）年、218トンと記録されているが、その頃は、開国して日も浅く輸出全体のなかでも上位を占めていたに違いない。その後、乾しいたけの国内生産は大きく伸び、輸出先も世界五十数カ国にまで広がり、1984（昭和59）年には4087トンにも達し、輸出額も200億円を超えた。当時、乾しいたけの価格は作柄の出来具合と輸出の好不調で決まるといわれたが、乾しいたけ産業のなかでの輸出の比重は高かった。

それが2010（平成22）年現在は、わずか40トンと、ずっと昔の天然採取の時代はともかく、人工栽培が始まった江戸時代よりも少ない数量にまで激減し、今では輸出が話題に上ることもほとんどなくなってしまった。

すべての原因は、これまで日本産輸出の独擅場であった香港・シンガポール・アメリカなど海外市場を中国産に奪われたことにある。

中国は、1980年代中頃から生産量を大きく伸ばし、日本産の半値以下の価格で世界の消費市場を席巻しているが、年間生産量は15万トンを超え、供給能力に衰えはみられない。最近、中国の国内需要が伸び価格は上昇しているが、いぜん日本産よりも安価で競争力は強く、それに海外市場では中国産の農薬汚染もそれほど気にかけるふうはない。

わが国の輸出は現数量の確保が精いっぱいで為《な》す術《すべ》もないが、千年にも及んだ輸出の灯《ともしび》を消すようなことになれば、後世の非難は免れない。

世界の乾しいたけ生産・消費事情

乾しいたけの生産国は、世界で日本・中国・台湾・韓国の4カ国だけである。しいたけはアジア・オセアニアなど東半球地域原産のきのこで、欧米地域では癖の少ない生しいたけはともかく乾しいたけを食べる人があまりいないからだろう。

1985年以前、これら4カ国での乾しいたけ生産は2万トン余り、わが国が最大の生産国で過半数を占め、品質面でも他の3カ国をはるかに引き離していた。当時、中国は5000トンぐらい、台湾は3000〜4000トン、韓国は二千数百トンといったところである。

ところが、現在では中国は15万トンを超えており、台湾と韓国はほとんど変わらないが、世界の乾しいたけ供給量は、この20年余りのなかで8倍にも膨れ上がっている。

一方、消費のほうであるが、そもそも、しいたけを乾して食べることを考えたのは2000年前の中国で、以来、中華料理の主要食材として、乾しいたけを使うメニュー数も多く、世界中で乾しいたけを最も好み、その良さを熟知しているのは中華系民族といってよい。

現在、乾しいたけを最も多く食べているのは香港で、家庭食や外食を合わせ年間一人当たり約600g（わが国は100g程度）にもなる。

香港は、1949年、中華人民共和国が成立したとき、北京・上海などの富裕層や腕のいい料理人が数多く移り住み、中華料理のレベルは世界最高で、それだけに乾しいたけもよく使われるのだろう。この地では85年頃までは日本産が8割近くを占め、残る2割を中国・韓国産で分け合っていたが、日本産の独擅場であった。使われる品柄は味の良い〝どんこ〟〝花どんこ〟に限られ、品質はわが国よりも良いものが使われていた。

現在は中国産が圧倒的なシェアを占め、日本産は1％にも満たず、韓国産にも遅れをとっている。

しかし、香港では、いぜん乾しいたけの美味しさなど品質へのこだわりは強く、日本産ブランドはまだ高く評価され偽物も出回っている。

香港に次いで消費が多いのは台湾で、一人当たり消費量は300～400gと推定される。台湾は生活水準も高く、香港同様、中国の共産党政権を逃れてきた富裕層、料理人は多い。香港に比べ消費量が少ないのは、輸入に高関税が課せられてきたことが影響している。これまで日本産の輸入は皆無に近く、自国産と中国産の密貿易品でまかなわれてきたが、潜在需要は高い。

続いてシンガポールで、中華系民族が76％を占め、約200g食べられている。もともと品質への要求度は香港ほど高くはなく、割安の中国産が存在するかぎり、日本産が入り込む余地は少ない。

その次は中国である。10年ほど前は一人当たり50gぐらいといわれてきたが、自国生産量の急増で、現在では100gを超えている。今後、まだまだ伸びるに違いないが、品質への要求度も高まるだろう。

韓国はわが国に比べ、もともと乾しいたけの消費は少なかったが、中国産が入ってきたことで100g程度にまで増えている。

東南アジア地域諸国においても乾しいたけは使われているが、それほど多くはなく、今後も大きな期待はかけられないだろう。

アメリカ・カナダ・オーストラリア・ヨーロッパなどの地域では、当地に居住している東洋系民族を除き家庭で乾しいたけを食べることはまずない。

輸出は蘇るだろうか

往時、乾しいたけの輸出は五十数カ国に広がった。いずれの国においても居住する中華系をはじめとする東洋系の民族に食されており、それ以外の民族は中華料理店や日本料理店などで、乾しいたけを食べることはあっても、家庭での消費は皆無に近い。

世界の国々・民族には、それぞれに特有の食文化があり、食習慣は概して、きわめて保守的である。フランスは、その好例で、祖母の時代、代々、伝えられてきた家庭料理のメニュー数は30あったのが、母の代では簡便化・外食化でメニュー数は20に、娘の代になると、さらにメニュー数は10にまで減るが、減ったメニューに代わる新たな食材、料理が加わることはないという。異なる食文化の受け入れに寛容なわが国は世界のなかでは例外で、異民族が集まるアメリカも比較的、抵抗感は少ない。

今一つ、頭に入れておきたいのは、きのこ類は民族によって好き嫌いがあることで、スラブ系・ゲルマン系・ラテン系・中華系、それにわが国はきのこ類が好きな民族といえる。それら民族に比べ、アングロサクソン系は、癖のないマッシュルーム一辺倒でもわかるが、きのこ類にそれほど強い関心はないようである。

乾しいたけの欧米への海外宣伝は、昭和30年代からニューヨークの食品見本市に参加、昭和50年代には、アメリカ西海岸のロサンゼルス・サンフランシスコなどで、料理講習会、有名レストランなどでの試食会を開催したり、また販促パンフレットなどのPRを数回行ってきた。また、昭和50年代、フランスのシアル食品見本市やドイツのアヌーガ食品見本市にもしばしば参加している。

これらの料理講習会や試食会で、乾しいたけを食べた欧米人はほとんどが美味しいと褒めはするが、その場限りで家庭で使ってくれる人は皆無に近く、成果はまったく挙がっていない。

東洋系以外の民族は、生しいたけは癖がないので、彼らが常食してきたきのこの食文化とも相通ずるが、乾しいたけは、やはり特殊なきのこでなじめないのだろう。

欧米地域では、居住する東洋系民族しか期待できないが、彼らが調理する中華料理、東洋系料理はレベルが低く、安い中国産が存在する限り、日本産の入り込む余地はごく限られる。

日本産の輸出先はアジア地域しかない

日本産の輸出が見込める地域は、やはり、これまで乾しいたけを食べてきた香港・台湾・シンガポール・中国・

その他の東南アジア諸国をおいてほかには見当たらない。

なかでも香港がいちばんである。中華料理のレベルは高く、日本産ブランドへの憧れは今も消えず、現に日本産輸出が続いている唯一の地域でもあり期待したい。

次いでは台湾で、香港同様、中華料理のレベルは高く、市場開放も進んできており可能性はあるだろう。

中国にも着目したい。乾しいたけの最大の生産地ではあるが、もともと乾しいたけ食文化の発生地でもあり、乾しいたけの良さ・持ち味を熟知している。北京・上海や華南海岸地域は経済も豊かになり、外人客の往来も頻繁で、高級ホテル・レストランはもとより、一般家庭においても安全・安心な美味しい質の良い食材を買い求めるようになってきている。今後、その動きはさらに広がり進んでゆくに違いない。

シンガポールについては、かつてはわが国から年間、800トン余も輸出していたこともあるが、その半数はタイやマレーシア・インドネシアなどへ再輸出されていた。また、シンガポール国内での中華料理のレベルは香港よりは落ち、品質への要求もそれほど高くはない。それは今も変わりはなく、安い中国産がある限り、高級レストランなどを除き日本産の輸出は難しい。

その他の東南アジア諸国もシンガポールと事情はほとんど変わらない。

輸出促進に、どんな手を打てばよいか

消費宣伝にほとんどすべてがかかっているといってよいだろう。まず、対象国を香港、台湾、中国に絞ることで、優先順位は挙げた順である。

宣伝方法は、昭和50年代、香港・シンガポールで行った消費宣伝活動が参考になる。

当時は、ジェトロの絶大な協力をえて、毎年、消費宣伝のミッションを派遣したが、現地では、駐在のジェトロが、すべての準備をしてくれていた。ミッションでは、主要な新聞・雑誌などとの懇談会（事前に乾しいたけの話題をニュース・リリースにして配布、それを主たる議題にして日本産をPR）、さらに、現地業者との懇談会、商工会への表敬訪問など盛りだくさんで、懇談会翌日には主要新聞には、しいたけミッションが大き

く取り上げられ、日本産のイメージアップに大きく貢献したといえる。

また、香港などの主要新聞の記者を日本に招待し、産地、業者などとの接触を通じ、日本産の良さ、持ち味を肌で感じてもらったが、後日、現地紙上で好感的に取り上げられている。

中国産が安全・安心で問題を起こしている今が、日本産のPRのチャンスで、国・ジェトロの支援もいただき手を打つべきだろう。

台湾・中国などへのアプローチには大手商社の手をふたたび借りることも考えたらよい。

しいたけの名称、あれこれ ◉

〝しいたけ〟は椎の木の枯れ木に生えていたことから、この名が付けられた。地方名は少ないが、山形県の庄内地方では〝ニラブサ〟と呼ばれており、ニラはナラ、ブサは房状に並んでいることからきている。

乾しいたけは発生時期によって、寒子、春子、藤子、梅雨子、夏子、秋子、不時子などと呼ばれている。昔は秋子もかなり生産されたが、近年は消費嗜好の変化で肉厚のものが好まれるようになり、春季発生の春子生産が大半を占めている。

また、乾しいたけの品質（形状・色沢など）で、花どんこ（天白どんこ・茶花どんこ）、どんこ（冬菇）、こうこ（香菇）、こうしん（香信）、バレ（荒葉）などに分けられる。その他、ずっと以前は、ツブシ（潰司）、信貫、シッポク（卓袱）、茶撰、セロなどの呼び名もあったが、使う人はしだいに少なくなっている。

椎茸と干しいたけ、乾しいたけ ◉

「椎茸」という文字は、１４６５年の『親元日記』に始まるが、以来、戦後20世紀の中頃まで椎茸は乾しいたけを指していた。というのも、戦前、生しいたけは稀で、ほとんどが乾しいたけとして食されていたことによる。

戦後、しいたけ生産は伸び、生しいたけが食卓に登場するようになっても、いぜん、乾しいたけは椎茸で通っていたが、使う側の食品業界や料理研究家のなかには、生しいたけと区別するため「干しいたけ」の呼び名を使う人も現れはじめた。

「干しいたけ」は、しいたけの乾燥が昭和30年代までは主に天日干しで行っていたことから名付けられた。

「乾しいたけ」は、天日干しが昭和40年代中頃にはまったく無くなり火力乾燥に切り替わったことで日干しの「干し」では不適切なこと、また文字のイメージが良くないとの意見も出て、林野庁が「乾しいたけ」を公文書で使い出したことから一般化した。

現在、「椎茸」の文字はほとんど使われなくなっているが、「干しいたけ」は食品業界で今でも「乾しいたけ」と併用されている。

どんこ、こうしんなどの語源 ◉

〝どんこ（冬菇）〟は、中国語の冬菇（トンクー）からきているが、明治の初頭、神戸在住の華僑の間で、椎茸をトンクーと呼んでいたのを日本語風に訛って〝どんこ〟になったといわれている。

なお、どんこのなかで、傘の表面に亀裂が入っているものを、花に名ぞらえ〝花どんこ〟と呼んでいる。花どんこは、さらに〝天白どんこ〟（傘の表面および亀裂が鮮明な白色を呈している）、〝茶花どんこ〟（傘の表面および亀裂が淡褐色を呈している）に分けて呼ばれることもあるが、天白どんこは乾しいたけの最高級品で、香港など海外市場で高い評価を受けていた。

〝こうしん（香信）〟の語源は、定かでないが、中国では椎茸のことを香菇（シャンクー）とも呼んでおり、香信の上の文字の〝こう〟は香菇の〝香〟から、下の文字の〝しん〟は〝信貫（荒れ葉）〟の〝信〟からきているのではないかと考えられる。

〝こうこ（香菇）〟は、こうしん、どんこ、いずれの品柄（規格）からも外れているということで、〝香信〟の上の文字に〝冬菇〟の下の文字が組み合わされ、出来た品柄であるが、どんこよりも大型で傘が中開きであるという以外はどんこに近く、〝大どんこ〟とも呼ばれる。

〝信貫〟は、信州（長野）の〝信〟、重さの単位〝貫〟が組み合わさった規格の一つである。乾しいたけは、1942（昭和17）年までは升（容積）で計量されていたが、椎茸産地の信州と集散地の静岡市・藤枝市との取引は、それ以前から貫（重量）で行われており〝信貫〟の呼び名が付いた。もともと品質は良かったのが、50（昭和25）年頃から〝信貫〟の呼び名は信州産以外のものにも広がり、品質のあまり良くない傘の開いたものを指すようになった。

39（昭和14）年発行の小松商店の「乾物類の栞」によると、品質の良いという点については、「これは思うに貿易が早くより〆貫売買なる為に、産地の問屋は貿易を主としている為に勢い貿易によい品を入れる様になった為に、その影響として品がよいのではないかと思う」と記されている。

〝茶撰《ちゃより》〟は、1寸3分～1寸5分（4・0～4・5㎝）大のこうしんで、茶会席料理用に選り分けられたことから、この名が付いた。また、茶撰より小型（1寸～1寸2分）のこうしんを〝小茶撰《こちゃより》〟とも呼ぶ。

〝しっぽく（卓袱）〟は、発祥地が長崎で、もともとはテーブルを意味しており、テーブルに盛る和洋中料理を指している。

料理のなかには大盤に盛った〝そうめん〟〝うどん〟〝そば〟などの麺類の上に、いろいろな具を載せたものがあり、その具に使われるしいたけ（2・5～3・5㎝のこうしん）を〝しっぽく〟（関西地方での呼び名で、関東地方では〝小茶撰〟に該当する）と呼んでおり、これも規格の一つである。

かつては、しいたけは高価な貴重品と誰もが思っていたので、〝しっぽく〟を1枚加えるだけでうどん・そば一杯の売単価を上げることができた。

国内では〝どんこ〟よりも〝こうしん〟が好まれた

〝どんこ〟を国内で食べるようになったのは、自然健康食品ブームのなかで乾しいたけが食卓にしばしば上がり、美味しさの違いをわかりだした昭和40年代後半頃からである。

それ以前、国内では〝こうしん〟しか食べず、〝どんこ〟は、そのほとんどが海外に輸出されていた。

乾しいたけを食べるのは、盆・正月・法事など〝はれの日〟に限られ、美味しさを味わうというよりも貴重品感覚が先立ち、〝こうしん〟は〝どんこ〟よりも姿・形がかさばって、より立派に見えたからに違いない。

一方、中国では〝どんこ〟が重宝されており、『大阪乾物商誌』（昭和8年大阪乾物商同業組合発行）によると、明治初年、初めて清の商人が北村弥助商店を訪れたとき、彼らは現品を見て、その中から肉厚物（どんこ）ばかりを選り出し買い取った。当時、肉厚物は内地では売れなかったので、主人は清の商人の品選びぶりに驚き、かつ喜び、中国人は妙なものを買っていったと不思議な出来事のように触れ回ったという。

ただ、この記事には首を傾《かし》げざるを得ない。というのも当時、わが国の乾しいたけ生産量の9割以上が中国へ輸出され、国内消費は、そのおこぼれに近かったことを考えると、素人ならいざ知らず、江戸時代からずっとしいたけの商いをやってきた大阪の乾物商が、中国では〝どんこ〟しか食べないことを知らないはずはない。

時の流れに消え去る足跡

これまで数知れないほど多くの人たちが乾しいたけ産業にかかわってきており、それらすべての人が産業の礎を築くうえにおいてなんらかの足跡《そくせき》を残している。

しかし、歴史に名をとどめる者は、ほんの一握りにすぎず、大方はいつとはなく忘れ去られ、やがては知る人もまったくいなくなってしまうだろう。

本稿を閉じるにあたって、歴史の闇のなかに埋めてしまうには忍びない、今は故人の何人かに光を当ててみよう。

村山善一

1940（昭和15）年に林野庁に入り、72（昭和47）年に退職するまでの30年余、特用林産行政一筋に歩んでいる。林野庁職員は過去から現在にいたるまで数十万人を数えるが、研究者はともかく行政職で同じ仕事を在勤中続けてきた者は数えるほどしかいず、稀有の存在といってよい。

それだけに特用林産事業には精通しており、53（昭和28）年の全国乾椎茸品評会の開催や、56（昭和31）年の椎茸専門農協の体質強化の各県知事への要請、58（昭和33）年の輸出検査法の改正など、戦後から昭和40年代にかけての乾しいたけの主だった行政指導のすべてに関与している。

林野庁退職後は、日椎連の常務理事、次いで全国特用林産振興会の常務理事を歴任、生涯を特用林産業にかけたといってよい。

原洋一

日椎連に50（昭和25）年に入り、昭和30年代、華々しく展開した消費宣伝活動の事務方として企画立案に携わったほか、53（昭和28）年、日椎連発刊の『週刊椎茸通信』の編集をも手がけている。いずれも業界初めての試みで試行錯誤もあっただろうが、今、振り返ってみても感心するほどの立派な出来で、これも原洋一の功績といえよう。

日椎連退職後は全椎商連常務理事として活躍するが、JAS認定機関ができていれば常務理事を予定されていた。

福原寅夫

戦後、アサヒ物産株式会社を設立するが、きのこ関係の古文書・古道具の収集に生涯をかけた業界では特異な存在で、これからも二人とは出ないだろう。きのこの歴史・故事に詳しく、中国の慶元へ同行したとき、中国しいたけの祖といわれた呉三公（1130年、慶元で生まれる）をすでに知っていたのには驚いた。

流通業者としても、食の簡便化・外食化など食生活の変革をいち早く嗅ぎ取り、スライス椎茸をはじめ加工品化を進めたリーダーの一人である。

ここに挙げた3人が健在であれば、本稿も、もっと充実していたに違いない。

乾しいたけ——千年の歴史をひもとく

年表

時代	西暦	年号	主要事項
平安	800年前後		乾しいたけの食習慣は中国から渡来してきたと考えられる
鎌倉	1223	貞応2	道元が南宋（中国）へ留学したとき、乗船した日本船に椹（椎茸）が積まれていたことが帰国後著した『典座教訓』（1237）に出ている。乾しいたけは、かなり以前（おそらく9世紀頃）から輸出されていたのだろう
室町	1465	寛正6	蜷川新右衛門著『親元日記』に伊豆の円成寺から椎茸を将軍足利義政に献上とあるのが椎茸の文字が使われた最初である
	1496	明応5	『節用集』（辞典）に椎茸が記載される
	1504	永正7	室町時代の代表的な料理書『食物服用之巻』の配膳の図に「しいたけ」が2カ所書かれている
	1564	永禄7	『清良記』に食用野菜として椎茸が記されている
	1573	天正元	『大草家料理』（大草殿より相伝の聞書）の中で「鷺と乾椎茸の酒蒸し」「鷺と酒と味噌に乾椎茸と茗荷と胡椒の煮物」など鳥料理2品に椎茸が使われている
安土桃山	1580	天正8	椎茸1斗の価格は銭900文（大徳寺・真珠庵文書）
	1585	天正13	椎茸1斗の価格、米286合（大和・法隆寺文書）
	1588	天正16	豊臣秀吉が聚楽第に後陽成天皇の行幸を仰いだときの饗応料理に椎茸が使われている
	1598	慶長3	『日葡辞書』に「なば」、「椎茸」が記されている
	1629	寛永6	椎茸1斗の価格、銀5匁（東福寺文書）
	1630	寛永7	椎茸10個の価格、銀0・83匁（真珠庵文書）
	1635	寛永12	椎茸1斗の価格、銀20匁（真珠庵文書）
	1636	寛永13	椎茸1斗の価格、銀9匁（龍光院文書）
	1637	寛永14	椎茸1斗の価格、銀10匁（真珠庵文書）
	1639	寛永16	椎茸1斗の価格、銀14匁（真珠庵文書）

江戸

1664	寛文4	豊後国・岡藩が伊豆の駒右衛門を招き椎茸栽培の指導を受ける
1696	元禄9	椎茸10貫匁、代金銀100貫目〈1666両2分2朱、銀2匁5分〉（広益国産考）
1697	元禄10	椎茸の採取地は、海西・山北・紀勢・参遠・駿甲『本朝食鑑』
		『農業全書』（宮崎安貞著）に茸類の解説と椎茸、木耳の栽培法を記述
1698	元禄11	『広益本草大成』（岡本一抱子著）に椎茸の薬効を記述
		徳川幕府、中国貿易品として俵物・乾物を指定
1706	宝永3	松前藩（北海道）、将軍に蝦夷の椎茸を献上
1708	宝永5	『大和本草』（貝原益軒著）、椎茸と月夜茸を同一視
1713	正徳3	『和漢三才図会』（寺島良安著）に椎茸栽培法を記述
1714	正徳4	大坂に椎茸が1400石集荷、代金は銀350貫
1727	享保12	大坂に乾物商仲間（組合）ができ、椎茸枡制定
1736	元文元	この頃、大坂にくる椎茸は日向・大和・紀伊・対馬で、入荷量は790石650合、価格は銀111貫78匁
1744	延享元	伊豆湯ヶ島の板垣勘四郎、駿河で椎茸栽培を指導
1753	宝暦3	大坂の乾物商15人は入札制、計量枡の立会検査、雇用の制限などを覚書にして統制を強化
1759	宝暦9	仲間以外の商人は新たに乾物商真組（新組合）を結成、大坂市場は従来からの乾物商古組との2組合体制になる
1765	明和2	伊豆の石渡清助が遠州で椎茸栽培
1768	明和5	伊豆の生産者が江戸の乾物商へ売り込み
1784	天明4	植物学者ツンベルグは椎茸をシタキと欧州に紹介
1789	寛政元	白河藩、椎茸栽培を計画
1790	寛政2	駿河の茸師、伊勢飯南で椎茸栽培

時代	西暦	年号	主要事項
江戸			宇都宮藩で椎茸栽培
	1792	寛政4	鹿児島藩の霧島山で、伐倒しただけの原木による椎茸栽培が行わる
	1793	寛政5	米沢藩で佐藤成裕、椎茸栽培（3万本）
	1794	寛政6	津藩（川上村平倉山）、水戸藩（八溝山）で椎茸栽培
	1795	寛政7	会津藩で佐藤成裕、椎茸栽培を指導
	1796	寛政8	佐藤成裕、『温故斉五瑞編（驚蕈録）』を著す
	1799	寛政11	蔀関月、『日本山海名産図絵』を著す
	1800	寛政12	秋山章、『豆州志稿』を著わす
	1801	享和元	駿河の常蔵、和歌山藩川合山で椎茸栽培指導
	1802	享和2	秦檍丸、『香蕈播製録』を著わす
	1803	享和3	津藩、川上村倉の山で椎茸栽培
			人吉藩、椎茸直営栽培
	1806	文化3	名古屋藩、加子母村で椎茸栽培
	1807	文化4	伊豆の2代目清助、甲州西ヶ原村で椎茸栽培
	1813	文化10	高知藩、槙野山郷市宇村の成山で椎茸栽培
	1818	文政元	椎茸大坂港取引税、1桶1分5厘
	1819	文政2	高知藩、安芸郡北川村明所山及び吹越伐畑山の椎茸生産は57箱（箱：1石）
			伊豆の斉藤重蔵、豊後国・岡藩で椎茸栽培指導
	1825	文政8	高知藩、山林樹木の不足で原木伐採制限
	1836	天保7	佐伯藩上野村の理三郎、クヌギを原木に用いることに成功
	1838	天保9	紀州田辺領名産品書上帳に椎茸が記載

江戸		
1841	天保12	人吉藩で茸山一揆
1844	弘化元	大蔵永常、『広益国産考』を著す
1850	嘉永3	鹿児島藩の日向領で椎茸の直営栽培
1851	嘉永4	盛岡藩豊間根村で椎茸栽培
		大坂・神戸の乾物商、江戸との取引を円滑にするため仮組結成
1853	嘉永6	鎖国時代が終わり開国
1857	安政4	江戸詰問屋と仮組が合併
1858	安政5	山口藩野谷村滑床で豊後の茸師が椎茸栽培
		鹿児島藩で椎茸入札制
1859	安政6	神奈川港が開港し伊豆の椎茸の清国への輸出が増える
		椎茸109ピクル。ピクル（約60kg）当たり価格：6月は60ドル、12月は120ドル
1860	万延元	横浜港から椎茸26ピクル輸出、うち11ピクルはイギリスへ
		飫肥藩、椎茸の集荷、大坂への配送販売を行う茸座を設ける
1861	文久元	横浜港から椎茸16梱、輸出、価格186ドル88
		大坂乾物商株仲間結成
		蝦夷の小糸魚でも椎茸栽培
1862	文久2	椎茸の清国密輸出の取り締まりが強化される
1863	文久3	椎茸の輸出統計が初めて出る
		長崎港から椎茸2109ピクル輸出、価格4万5210ドル
1865	慶応元	長崎港から椎茸1270ピクル輸出、価格1万6824ドル
1866	慶応2	箱館港から椎茸3・5ピクル輸出、価格200ドル
1867	慶応3	長崎・神奈川の2港から輸出された椎茸は70万斤

時代	西暦	年号	主要事項
江戸			箱館港から椎茸1・5ピクル輸出、価格54ドル
			伊豆の堀江弥半次・小林新十郎が木干しどんこを出荷し好評
明治	1868	明治元	当時、椎茸栽培の第一人者といわれた伊豆の石渡秀雄が木干し法を改良、それで作った椎茸を出荷、中国で高く売れ好評
	1872	明治5年	丹羽修治、『香蕈一覧』を著す
	1874	明治7	伊藤圭介、『人造菌説』を著す
	1877	明治10	第一回内国勧業博覧会に椎茸出品
			大分県の石堂長吉、隠岐で椎茸栽培
	1879	明治12	島根県、『椎茸作方提要』発刊
	1881	明治14	第二回内国勧業博覧会に椎茸出品
	1882	明治15	石渡秀雄、椎茸のブリキ缶貯蔵箱を考案
	1883	明治16	大分県の大崎文吉、奄美大島で椎茸栽培
	1884	明治17	馬淵基次、『周防椎茸製造法』発刊
	1885	明治18	山林局、椎茸栽培を奨励
	1886	明治19	今川粛、『日本山林副産物製造篇』発刊
	1887	明治20	梅原寛重、『椎茸製造独案内』発刊
	1888	明治21	青山善一、『遠江地方香蕈製造法』発刊
	1890	明治23	第三回内国勧業博覧会に田中長嶺、椎茸などの標本図解を出品
			田中延次郎・田中長嶺、『日本菌類図説』発刊
	1891	明治24	石渡秀雄、御料局（皇室の山林管理）から原木払下げをうける
			但馬国長井村で椎茸栽培

明治

年	和暦	事項
1892	明治25	磯山広吉、『伊豆の椎茸製造』発刊
		田中長嶺、『参河香蕈培養図解』発刊、椎茸が胞子で繁殖することを初めて明らかにする
1894	明治27	大阪椎茸商仲間組合、椎茸入札組合規約を定める
1895	明治28	第四回内国勧業博覧会に椎茸が多数出品される
		田中長嶺、愛知県で人工接種を試みる
		佐藤鉦五郎、『三重県多気郡椎茸製造法』発刊
1896	明治29	石渡秀雄、私立椎茸製造伝習所設立
		田中鳥雄、『椎茸養生法』発刊
		宮島多喜郎、「椎茸養生法」発表
1897	明治30	『第二回輸出重要品（林産）要覧』発刊
1898	明治31	興農園、キノコ種菌を販売。種菌業の始まり
1900	明治33	鈴木初太郎、伊豆から房州に移り椎茸栽培
1903	明治36	田中長嶺、『散木利用篇』発刊
		石渡秀雄、『実地指導椎茸の作り方』発刊
		楢崎圭三、椎茸養生の歌を作り栽培指導
		第五回内国勧業博覧会において大阪乾物商同業組合は名誉銀杯受領
1904	明治37	三村鐘三郎、椎茸胞子を原木に接種
		田中長嶺、熊本・鹿児島・岐阜県で田中式栽培法指導
		楢崎圭三、北海道で楢崎式栽培法指導
1905	明治38	三村鐘三郎、嵌木法・榾汁法実験
		今牧棟吉、榾汁法実施
		田中長嶺、宮崎・福井・鹿児島県で椎茸栽培指導

時代	西暦	年号	主要事項
明治			府県別椎茸統計発表
	1906	明治39	西郷武十、済州島に渡り、椎茸栽培
	1907	明治40	大分県椎茸同業組合設立
			三村鐘三郎、徳島・和歌山・山梨県で椎茸栽培指導
			三村鐘三郎、『人工播種椎茸栽培』発刊
	1908	明治41	山林局、『食用菌蕈類調査書』発行
	1909	明治42	岡本岩太郎、椎茸播種器を考案
	1910	明治43	日英博覧会に椎茸出品
大正	1912	大正元	群馬県農試、榾汁法・播きつけ法の比較試験
	1914	大正3	今牧棟吉、『胞子注射椎茸栽培法』発刊
			今牧棟吉、長野県で椎蕈模範栽培所設立
			佐々木忠次郎、しいたけ蛾発見
	1915	大正4	静岡県田方郡椎茸同業組合設立
	1916	大正5	帝室林野局、『椎茸及松蕈栽培法・製炭及其ノ副産物』発行
			大分県椎茸同業組合、『大分県之椎茸』発刊
	1917	大正7	日向椎茸同業組合設立
	1919	大正8	帝室林野局、『楢崎式椎茸養生法』発行
	1920	大正9	森本彦三郎、京都に森本養菌園設立
	1924	大正13	大分県椎茸同業組合、『中壁式乾燥小屋のしおり』発刊
	1925	大正14	静岡県志太榛原椎茸同業組合設立
			群馬県の山田保一、埋榾法を試みる

昭和

1926	昭和元	鹿児島県、『椎茸の栽培』発刊
1927	昭和2	河村柳太郎、『椎茸栽培の理論と実際』発刊
		木暮藤一郎、『最新椎茸栽培法』発刊
		大分県椎茸同業組合、日向椎茸同業組合は大阪椎茸問屋から入れ目斤制度全廃を勝ち取る
1928	昭和3	農林省、『椎茸ニ関スル調査』発刊
1929	昭和4	鈴木伊兵衛、『実験椎茸栽培法』発刊
		大石平兵衛、『椎茸栽培法』発刊
		山田保一、群馬県で埋榾法指導
1930	昭和5	小野村雄、『椎茸栽培の秘訣』発刊
1932	昭和7	金子誠次郎、椎茸の埋榾法研究
1933	昭和8	山田保一、埼玉県で埋榾法を指導
		小木栄、埋榾法を推奨
		大阪乾物商同業組合、『大阪乾物商史』発刊
1934	昭和9	杉浦勇、『応用菌蕈学研究』発刊
1935	昭和10	西門義一・河村栄吉、椎茸の4極性を発表
		北島君三、比較試験結果から純粋培養菌が最も優れていることを明らかにする
1936	昭和11	森喜作、食用菌研究所設立
		矢野富香、『椎茸栽培書』発刊
		岐阜県、純粋培養鋸屑菌配布事業開始
		金子誠次郎、『実験埋榾式椎茸栽培』発刊
1937	昭和12	日支事変で輸出品臨時措置法制定、統制経済となる
		中国の日本品不買同盟により乾椎茸価格暴落

時代	西暦	年号	主要事項
昭和	1938	昭和13	北島君三、『純粋培養菌糸接種法による椎茸、なめこ、榎茸人工栽培法』発刊 林業試験場、鋸屑種菌配布を始める 長谷波式種菌穿孔器発売
	1939	昭和14	鹿児島県林試、『椎茸栽培法』発行 北島君三、純粋培養種菌法の成果を実証 価格統制令発令され、価格が凍結
	1940	昭和15	原摂祐、『食用菌蕈栽培の実際』発刊 価格統制令廃止、物価統制令が発令、椎茸の入札は廃止される 林業試験場培養の鋸屑種菌、全国に広がる
	1941	昭和16	林業試験場、種菌配布事業を全国森林組合連合会（全森連）に移管 戦時体制のなか、椎茸も統制品目となり、各地に統制組合ができ、その全国組織、全国椎茸組合連合会設立 枡取引が廃止され、貫匁取引になる
	1942	昭和17	森喜作、純粋培養種駒発明
	1943	昭和18	森喜作、くさび種駒特許
	1944	昭和19	岩出亥之助、椎茸品種、フジシイタケを開発
	1946	昭和21	農林省、椎茸増産5カ年計画を樹立し官行椎茸栽培をはじめる 全日本椎茸貿易協会設立
	1947	昭和22	森喜作、『新しい椎茸栽培法』発刊 森農場を森産業株式会社に変更 全日本椎茸貿易組合解散

昭和		
1948	昭和23	森式栽培法、全国に広がる 輸出品取締法が制定され乾椎茸も指定される 鳥取市に全国椎茸普及会設立 農業協同組合法が制定され、日本椎茸農業協同組合連合会（日椎連）設立 明治製菓株式会社、棒型種駒で特許 広江勇、『最新広江式椎茸栽培法』発刊 岩出亥之助、『理論活用シイタケ培養法』発刊 宮崎県、県営種駒製作場を建設
1949	昭和24	松下徳市、松下式乾燥機考案 統制価格が廃止され、椎茸価格が低落 種駒、鋸屑種菌の競争激化 北島君三、『椎茸、なめこの人工栽培』発刊 ポンドが9月、3割方切り下げられ輸出価格が低落
1950	昭和25	河村柳太郎、月刊雑誌『河村椎茸』発刊 荒川真文、『地域区分による椎茸栽培概説』発刊 北海道林試、椎茸種菌製造を始める 林業改良普及員制度発足、各県にＳＰ、ＡＧ配置 財津政男、熱風乾燥炉を考案
1951	昭和26	乾しいたけ日本農林規格制定 岩出亥之助、食用きのこ類の種菌駒製造法特許 永井行夫、『椎茸の作り方』発刊 椎茸のビニール栽培始まる

時代	西暦	年号	主要事項
昭和	1952	昭和27	財津政男、側面排気乾燥機を考案 北島君三、『食用菌と有毒菌』発刊 大分で椎茸新聞、『農業経済新聞』発刊 永井行夫、『しいたけ』発刊 西日本椎茸生産団体連絡会結成、翌年、連合会に改称 中国産椎茸、香港市場に進出
	1953	昭和28	林野庁・日椎連の共催で、第1回全国乾椎茸品評会を開催 日椎連、週刊『椎茸通信』発刊 林野庁長官・農林経済局長連名で各県知事に全国的共販体制の確立と無条件委託販売制度の導入についての指導を指示
	1954	昭和29	西日本椎茸生産団体連合会を改組、全国椎茸生産者団体協議会（全椎協）発足 小高進、『椎茸の増益栽培法』発刊
	1955	昭和30	全国椎茸普及会、月刊雑誌『菌蕈』発刊 小高進、『食用きのこの栽培法』発刊
	1956	昭和31	大分県の大塚重長、金網エビラを考案 財津政男、強制通気乾燥機を考案
	1957	昭和32	東京で椎茸まつりを開催、乾しいたけの消費宣伝始まる 大分県椎農、乾しいたけ市場を開設 京都で椎茸の害菌トリコデルマ発見 スプリンクラー登場
	1958	昭和33	輸出検査法が改正告示され、乾しいたけ輸出は強制検査となる

昭和		
1959	昭和34	広江勇、板状種菌を作成 岩出亥之助、『きのこ類の培養法』発刊 常田修、『椎茸菌よりもの申す』発刊 財津政男、旋風回転乾燥機を考案
1960	昭和35	西門義一、菌類研究所設立 日本貿易振興会（ジェトロ）主催、ニューヨークでの日本食品の総合展示試食会に乾しいたけが参加
1961	昭和36	椎茸の栽培「きのこの巨人」が小学校6年生の国語読本に採用される 温水竹則、『椎茸栽培法』発刊 海外向けの消費宣伝映画『日本の椎茸』制作 菌蕈研究所、『研究報告』を出す 広江勇、『最新シイタケ栽培法』発刊
1962	昭和37	日椎連、静岡に乾しいたけの市場開設 乾しいたけの消費宣伝組織、日本椎茸振興会発足 乾しいたけの貿易自由化 有本邦太郎（前国立栄養研究所長）を座長に「椎茸研究会」が組織され、しいたけの薬効や栄養研究に取り組む
1963	昭和38	田中新次郎、『椎茸の文化史』発刊 全国椎茸商業組合連合会（全椎商連）発足 全国農業販売協同組合連合会（全販連）、大阪椎茸入札市場開設 全椎協、乾しいたけの出荷用段ボールケースの規格を統一 金田尚志ほか2名、「シイタケのコレステロール代謝に及ぼす影響」発表

時代	西暦	年号	主要事項
昭和	1964	昭和39	森喜作、『シイタケの研究』発刊 林業基本法制定 林野庁、特用林産物振興対策事業実施 日本椎茸振興会、西独・米国での日本産食品展示会に参加 日本椎茸振興会、東南アジア農産物展示試食会に参加
	1965	昭和40	全販連、名古屋に椎茸入札市場開設 日椎連、『写真でわかるシイタケ栽培』発刊 宮崎県の杉本砂夫、天皇杯受賞 松竹少女歌劇団（SKD）の秋のおどりに、しいたけ娘登場 日椎連・森会長、テレビ東京で柳家金語楼と対談
	1966	昭和41	アサヒ物産（株）、スライス椎茸製品化 岩出亥之助、『キノコ類の培養法』発刊 青木繁、『豊後の茸師』発刊 森食用菌研究所、『きのこ用語集』発行
	1967	昭和42	林野庁、『種菌製造業者調』発行 不良種菌が出回り、種駒活着不良が問題化 鈴木慎次郎ほか2名、「シイタケの人の血清コレステロールに及ぼす影響」発表
	1968	昭和43	林野庁、種菌メーカーへ製造上の注意通達 千原吾朗、「椎茸の多糖類の抗ガン作用」発表 日本椎茸振興会、全国的なテレビ・キャンペーン オーストラリア、キノコ類の輸入禁止（有害ウイルス付着）、

昭和		
1969	昭和44	乾しいたけは人工乾燥処理証明書を添付することで輸入再開 林業試験場で種駒劣化原因および防止研究を始める 森産業（株）、月刊雑誌『きのこ』発刊 伊藤達次郎、『シイタケ菌は生きている』発刊 石田名香雄、「椎茸胞子中のインターフェロンの抗ウイルス因子」発表 全販連東京市場開設
1970	昭和45	亦野林、『シイタケの栽培と経営』発刊 全国食用きのこ種菌協会（全菌協）設立 宮崎県に榾木の黒腐病発生 森産業（株）、椎茸飲料ホレステリンソーダ製造発売 全国特殊林産振興会（全特振）設立
1971	昭和46	大分県の松下徳市、天皇杯受賞 松田和雄、「椎茸の水溶性多糖に関する研究」発表 香港で乾椎茸輸出会議と現地業者懇談会開催
1972	昭和47	松岡憲固、「椎茸のくる病を退治する研究」発表 林野庁、椎茸種菌製造基準を策定 日本椎茸振興会解散、全国椎茸懇話会（全椎懇）設立 森産業（株）、椎茸飲料モナ・フォーレ製造発売
1973	昭和48	大分県椎茸農協「乾椎茸撰別図解一覧表」を作成 塩谷勉・吉良今朝芳、『大分県における椎茸生産の経済的研究』発刊
1974	昭和49	第9回国際食用きのこ会議、日本で開催 しいたけ切手発行される

時代	西暦	年号	主要事項
昭和			全椎懇はジェトロと、香港・シンガポールで乾しいたけの消費宣伝 全特振、林野庁に特殊林産物の積極的振興策を提言 大分県椎農、椎茸銘柄選別基準表を作る 明治製菓（株）、月刊『きのこ通信』発刊 九州地域に榾木の黒腐病広がる 吉良今朝芳、『椎茸の生産と経営』発刊 森喜作ほか、『家庭きのこ』発刊 アサヒ物産（株）、椎茸水煮缶詰を発売 森喜作、『しいたけ健康法』が街のベストセラーに選ばれる
	1975	昭和50	自然健康食品ブームで乾しいたけの消費が伸び、1世帯当たりの年間消費量は417gを記録する 秋山博夫、『山梨シイタケ史』発刊
	1976	昭和51	静岡県の飯田美好、天皇杯受賞
	1977	昭和52	乾しいたけの日本農林規格（JAS）制定告示 中村克哉、『シイタケ栽培史』発刊 きのこ近代化協会、『きのこ産業新聞』発刊 日本きのこセンター、『カラー版シイタケ栽培』発刊 大分県に、ハラアカコブカミキリ発生、榾木に被害 九物食品（株）、フリーズンドライ椎茸を発売 東日本椎茸協議会設立
	1978	昭和53	鈴木慎次郎、「椎茸のコレステロール低下作用」発表

昭和		
1979	昭和54	菅原龍幸、「干椎茸各種銘柄の組成および成分」発表 阪急食品（株）、兼貞物産（株）、味付椎茸発売 林野庁、しいたけほだ木共済事業（森林保険協会に委託助成） 全椎懇、東南アジアにミッション派遣 平尾武司、『シイタケ乾燥法』発刊 大森清寿、『シイタケ栽培の改善法』発刊 農協消費拡大協議会設立 全国椎茸懇話会解散、日本しいたけ振興協議会発足 日本しいたけ振興協議会、東南アジアに乾椎茸ミッション派遣 静岡県の朝香博、天皇杯受賞 公益信託　森喜作記念椎茸振興基金（森喜作賞）発足 林野庁、特用林産振興基本方針策定（農林水産事務次官通達） 日椎連創立30周年記念部分林を栃木県内烏山国有林に設定 日椎連、原木需給安定対策会議を開催 盛永宏太郎、「椎茸の腸内細菌成育促進効果」発表 森産業（株）、シイタケ茶製造発売 大分県椎農、大相撲優勝力士に「ＯＳＫ乾椎茸」の贈呈を始める 静岡県椎茸生産者団体連合会、『改定シイタケ栽培ハンドブック』発刊
1980	昭和55	日椎連・行政担当者・流通業者・生産者団体など椎茸関係者による流通懇談会開催（年3～5回） 愛媛県の新田栄、天皇杯受賞 日本しいたけ振興協議会、東南アジアに乾椎茸ミッション派遣 農村文化社、『きのこｅｔｃ』発刊

時代	西暦	年号	主要事項
昭和	1981	昭和56	日本しいたけ振興協議会、北米に乾椎茸ミッション派遣 伊東六郎、『大分のしいたけ』発刊 日本しいたけ振興協議会と毎日新聞社共催で「高血圧・コレステロール性疾患と乾しいたけ」のシンポジウムを開催 林野庁、しいたけ原木対策事業（全森連に委託助成） 農耕と園芸、『図解きのこ栽培百科』発刊 日本しいたけ振興協議会、東南アジアに乾椎茸ミッション派遣
	1982	昭和57	日本しいたけ振興協議会と毎日新聞共催で「癌としいたけ」のシンポジウム開催 全国乾椎茸品評会を大分県で開催 熊本県の長要、天皇杯受賞 日本しいたけ振興協議会、東南アジアに乾椎茸ミッション派遣 日椎連、全国乾椎茸出荷規格表を作成配布 森寛一、「椎茸食用による制ガン効果」発表 中村克哉編集、『キノコの事典』発刊 青木尊重、『シイタケ原木林の仕立て方』発刊
	1983	昭和58	乾しいたけ価格、作柄不良で高騰（６５６４円） 中国産（原木栽培）の輸入が増加（６６６トン） 香港、対ドル相場、固定制に移行 日本しいたけ振興協議会、東南アジアに乾椎茸ミッション派遣 中村克哉、『シイタケ栽培の史的研究』発刊 大森清寿・庄司當、『改定新版・キノコ栽培』発刊

昭和		
1984	昭和59	乾しいたけ大豊作（1万6685トン） 輸出が伸び、4087トンを記録する 日本しいたけ振興協議会、北米に乾椎茸ミッション派遣 日本特用林産振興会（日特振）発足（全国特用林産振興会解散） 『きのこｅｔｃ』、日特振の情報誌となる 尾本信夫・藤本吉幸、『しいたけ原木林の造成技術』発刊 飯田美好、『実際家のシイタケ栽培』発刊
1985	昭和60	プラザ合意で円高へ移行（360円から245円前後へ） レンチナン（椎茸成分）、制ガン剤として認可される 日本しいたけ振興協議会と毎日新聞共催で「しいたけの味と香り」のシンポジウム開催 日本しいたけ振興協議会、東南アジアに乾椎茸ミッション派遣 カネボウ食品（株）、人工培地の榾木を発売 中国・福建省古田で菌床栽培技術の開発に成功 古川久彦、『食用きのこ栽培の技術』発刊
1986	昭和61	輸出に円高の影響が出始め、輸出価格が下がり、国内価格も下がる 日本しいたけ振興協議会、東南アジアに乾椎茸ミッション派遣 日本しいたけ振興協議会、米国ナチュラルフードエキスポ（米国）に参加 日本しいたけ振興協議会、シアル（フランス）国際食品見本市参加 吉冨清志、『シイタケ栽培の理論と実際』発刊 大貫敬二、『家庭でできるキノコづくり』発刊 日本きのこセンター編、『シイタケ栽培の技術と経営』発刊 長崎県の吉野丈実、天皇杯受賞

時代	西暦	年号	主要事項
昭和	1987	昭和62	中国産（菌床栽培）輸入が増え始める（893トン） 輸出が減り始める（2634トン） 日本しいたけ振興協議会、東南アジアに乾椎茸ミッション派遣 日本しいたけ振興協議会、北米に乾椎茸ミッション派遣 日本しいたけ振興協議会、アヌーガ（ドイツ）国際食品見本市に参加
	1988	昭和63	全国乾椎茸品評会を宮崎県で開催 林野庁、新商品開発事業（日特振） 日本しいたけ振興協議会、東南アジアに乾椎茸ミッション派遣 日本しいたけ振興協議会、北米に乾椎茸ミッション派遣 日本しいたけ振興協議会、シアル国際食品見本市参加 朝香博・小林憲克、『乾シイタケの生産と販売戦略』発刊 農耕と園芸、『キノコ栽培の新技術』発刊
	1989	平成元	日椎連乾しいたけ流通センター完成（静岡市から岡部町へ移転） 日本しいたけ振興協議会、香港・中国に乾椎茸ミッション派遣 日本しいたけ振興協議会、北米に乾椎茸ミッション派遣
	1990	平成2	全国乾椎茸品評会を静岡県で開催 日本しいたけ振興協議会、東南アジアに乾椎茸ミッション派遣 日本しいたけ振興協議会、シアル国際食品見本市参加 日本しいたけ振興協議会、北米で料理講習会開催
	1991	平成3	日本しいたけ振興協議会、東南アジアに乾しいたけミッション派遣 日本しいたけ振興協議会、香港・シンガポール記者招待

平成

1992	平成4	日本しいたけ振興協議会、北米で料理講習会開催 桑野功、『大分県椎茸栽培の言い伝え』発刊 きのこ技術集談会編、『きのこの基礎科学と最新技術』発刊 全国乾椎茸品評会を岩手県で開催 輸出量は1000トンを切る（790トン） 日本しいたけ振興協議会、東南アジアに乾しいたけミッション派遣 日本しいたけ振興協議会、香港・シンガポール記者招待 日本しいたけ振興協議会、北米で料理講習会開催 ヤクルト、種駒販売中止、森産業に譲渡 古川久彦、『きのこ学』発刊 日本きのこ研究所編、『最新シイタケの作り方』発刊 最新バイオテクノロジー全書編集委員会編、『きのこの増殖と育種』発刊
1993	平成5	林野庁、「特用林産の今後の方向」策定（特用林産ビジョン検討会） 国内生産量が1万トンを切る（9299トン） 中国産急増（7208トン） 岩手県の菊池六郎、天皇杯受賞 日本しいたけ振興協議会、香港・深圳に乾しいたけミッション派遣 日本しいたけ振興協議会、北米で消費宣伝 日本しいたけ振興協議会、オーストラリアで料理講習会開催 東日本椎茸協議会が全国生椎茸協議会に改組 全国乾椎茸品評会の審査項目に「味・香り・食感」を加える
1994	平成6	日本しいたけ振興協議会、香港・深圳に乾しいたけミッション派遣

時代	西暦	年号	主要事項
平成	1995	平成7	日本しいたけ振興協議会、香港記者招待 日本しいたけ振興協議会、北米で料理講習会開催 林野庁、「特用林産振興対策の在り方」策定（特用林産振興対策協議会） 中国産の輸入急増で価格は2000円台に低落 日本しいたけ振興協議会、東南アジアに乾しいたけミッション派遣 輸出検査項目から乾しいたけが外れる 日椎連・全農・全椎商連は、日本産原木乾しいたけシンボルマークを制定、商品表示をすすめる 日本特用林産振興会、10月15日を「きのこの日」に定める 小川武廣、『しいたけの今日 明日』発刊
	1996	平成8	国による「原産国表示の義務化」が実現 日本しいたけ振興協議会、香港・中国にミッション派遣
	1997	平成9	日本産・原木乾しいたけをすすめる会が暫定発足し、生産者から15円／kg、流通業者から5円／kgを徴収、消費宣伝を始める 日本しいたけ振興協議会解散 国内生産量は6000トンを切り、輸入量が9400トンと中国産優位へと逆転 小川武廣、『続しいたけの今日 明日』発刊 輸出量は500トンを切る（280トン）
	1998	平成10	日本産・原木乾しいたけをすすめる会が正式に発足
	2000	平成12	林野庁、「特用林産振興対策の在り方」策定（特用林産振興対策研究会） TBS「筑紫哲也スペシャル・中国朱鎔基首相との市民対話」で日椎連小川会長、中国国内の内需拡大と生産調整、輸出抑制を要請

平成

2001	平成13	乾しいたけ品質表示基準告示
		全国乾椎茸品評会、ならびに2000年全国乾しいたけ振興大会を大分県で開催
		小川武廣、『よみがえれ椎茸』発刊
		衣川賢二郎・小川眞、『きのこハンドブック』発刊
		国内生産量、5000トンを切る（4964トン）
		日本産・原木乾しいたけをすすめる会と中国・土畜産公司は深圳で中国産の日本への輸出について協議
		日椎連小川会長、静岡新聞夕刊コラムに「椎茸・きのこ・自然」をテーマに3カ月間、毎週一回連載
		明治製菓（株）、種菌事業を森産業（株）に譲渡
		大分県椎農協、豊後なばカレー、豊後なばめし発売
		大森清寿・小出博志編、『きのこ栽培全科』発刊
2003	平成15	輸出量、100トンを切る（79トン）
2004	平成16	乾しいたけの日本農林規格（JAS）廃止
		日本きのこセンター編、『図解よくわかるきのこ栽培』発刊
2005	平成17	第1回原木しいたけ生産者大会・技術交流会、茨城県「つくば国際会議場」で開催
2006	平成18	第2回原木しいたけ生産者大会・技術交流会、大分県「別府コンベンションセンター」で開催
		国内生産量、4000トンを切る（3861トン）
		清田卓也、『きのこの安全安心生産管理マニュアル考え方と実際』発刊
2007	平成19	全国乾椎茸品評会を大分県豊後大野市で開催
		第3回原木しいたけ生産者大会・技術交流会、岩手県「久慈グランドホテル」で開催
		中国産農産物の農薬汚染、食品偽装が社会問題化

時代	西暦	年号	主要事項
平成	2008	平成20	中国産の敬遠で乾しいたけ価格は5000円台に上昇 中国産冷凍餃子事件で消費者は中国産品を敬遠 林野庁、「特用林産の今後の振興方向」策定（特用林産振興対策研究会） 第4回原木しいたけ生産者大会・技術交流会、静岡県「ラフォーレ修善寺」で開催 アメリカの金融危機が引き金で世界的不況
	2009	平成21	全国乾椎茸品評会を静岡県伊豆市で開催 第5回原木しいたけ生産者大会・技術交流会、宮崎県「フェニックス」で開催 大分県椎農『百周年記念誌』発刊 小川武廣「乾しいたけの食文化」を大日本山林会『山林』に連載
	2010	平成22	小川武廣「乾しいたけ・千年の歴史をひもとく」を『特産情報』に連載 プランツワールド編、『最新きのこ栽培技術』発刊
	2011	平成23	第6回原木しいたけ生産者大会・技術交流会、栃木県宇都宮市「ホテルニューイタヤ」 東日本大震災（3月11日）で東電福島原発事故発生

乾しいたけ関連資料

しいたけの薬効(研究論文・報告)

「日本産・原木乾しいたけをすすめる会」調べ

コレステロール・高血圧低下作用
(エリタデニンの働き)

シイタケのコレステロール代謝に及ぼす影響(Ⅰ)

金田尚志、荒井君枝、徳田節子(東海区水産研究所)

栄養と食糧, 16(5), 466-468(1963)

シロネズミにコレステロールおよび乾しいたけ粉末を与えたところ、著しくシロネズミの血漿コレステロールを低下させる作用があった。

シイタケのシロネズミコレステロール代謝におよぼす影響(Ⅱ)

徳田節、金田尚志(東海区水産研究所)

栄養と食糧, 17(4), 297-300(1964)

シロネズミの血漿コレステロールを低下させるシイタケ中の有効成分は主にシイタケの水抽出物中に存在することが認められた。

食用キノコ類のシロネズミコレステロール代謝におよぼす影響(Ⅲ)

徳田節子、金田尚志(東北大学農学部食糧化学科)

栄養と食糧, 19(3), 222-224(1966)

シロネズミの血漿コレステロール低下作用を比較したところ、ドンコの傘部はコウシンの傘部よりも効果が高かった。

食用キノコ類のシロネズミコレステロール代謝におよぼす影響(Ⅳ)

常田文、渋川尚武、安元健、金田尚志(東北大学農学部)

栄養と食糧, 24(2), 92 -95(1971)

シイタケの水抽出物の化学構造は紙谷・千畑により単離されたエリタデニンと同一物質であることが認められた。

シイタケの人の血清コレステロールに及ぼす影響

鈴木慎次郎、大島寿美子、辻啓介（国立栄養研究所）

栄養学雑誌, 25 (4), 130-131 (1967)

健康な青年女子（19～20歳）30人を10人ずつ3群に分け、生シイタケ（花どんこ）90g、その乾量に当たる乾燥シイタケ（こうしん）9g、紫外線照射乾燥シイタケ（こうしん）9gを毎日、分け与え、1週間とらせた。

各群についてシイタケ摂取前後の血清コレステロールの値を比較すると、乾燥シイタケ群で12%下がり、生シイタケ群は7%、紫外線照射群は6%低下している。

いずれの群においても血清コレステロールは低下しており、シイタケは動脈硬化の予防や治療に適した食品ということができる。

若い女性のシイタケ1週間の効き目

鈴木慎次郎（国立栄養研究所、1977年）

「高血圧・コレステロール性疾患と乾しいたけ」毎日新聞社・日本しいたけ振興協議会共催，第1回シンポジューム，1981年 〈辻悦子発表〉

若い女性20人を対象にして、①一方の10人には1日60gのバターを、②他方の10人には60gのバターと90gの生シイタケ（乾シイタケ9g）を1週間、食べてもらい、結果をみると、①の場合は血液中のコレステロール値は14%増加したが、②は4%減少した。

しいたけが高血圧自然発症ラットの血圧および血漿コレステロール値に及ぼす影響

樋口満、大島寿美子、鈴木慎次郎（国立栄養研究所）

栄養学雑誌，36 (3), 119-125 (1978)

6週齢のSHR雄24匹に乾燥した小粒どんこの水浸出液（戻し汁）を与えたところ、血圧を抑制する効果があることが明らかになった。水浸出液の給与を中止すると、速やかに血圧が上昇し、3週間で、初めから水を給与した群と同じ血圧になることからみて、血圧を抑制するには継続してシイタケを摂取する必要のあることが示唆される。

しいたけ（小粒どんこ）の高血圧に対する降圧効果について

全国椎茸懇話会あて試験成績証明書（国立栄養研究所長、1978年10月5日）

11週齢の高血圧自然発症ラット（SHR）を、乾しいたけ30gを水1ℓに1日間浸し、その浸出液を飲み水として20週齢まで飼育し、しいたけ浸出液が血圧に及ぼす影響について検討した。また、20週齢から23週齢まで、しいたけ浸出液給与を水給与に切り換え、しいたけ浸出液の効果の消長についても検討を加えた。

その結果は、次のとおりであった。

①体重発育の経過は水給与群と、しいたけ浸出液群との間に差はみられなかった。

②水給与群と、しいたけ浸出液群の2群に群分けした11週齢における平均血圧は両群とも約160mmHgであった。

③しいたけ浸出液を給与し始めてから1週間たった12週齢における平均血圧は、水給与群が約170mmHgであるのに対し、しいたけ浸出液給与群は、約145mmHgと低く、両群間に有意な差を示した。

④両群の平均血圧は、20週齢まで上昇していく傾向を示し、水給与群が約220mmHg、しいたけ浸出液給与群で約185mmHgとなった。この間、いずれの週齢においても両群間には優位な差がみられた。

⑤しいたけ浸出液給与を中止し、水に切り換えてから、3週間たった23週齢において、しいたけ浸出液の血圧上昇抑制効果は完全に消失した。

シイタケ成分Eritadenine誘導体のコレステロール低下作用

天正明、清水巖、竹縄忠臣、菊地博之、六城雅彙、紙谷孝（藤沢薬品工業株式会社）

薬学雑誌，94(6)，708-716(1974)

シイタケ成分のエリタデニンを単離することに成功し、化学構造と薬理活性の関係を明らかにするため各種のエリタデニン類縁誘導体を合成。エリタデニンの各種エステル誘導体の降コレステロール活性を検定した結果、母体のエリタデニンよりも、はるかに強力なコレステロール低下作用が認められ、アルキルエステルの場合には10倍ほど作用が強いように思われる。

高血圧低下の臨床例

谷岡達男（浴風会病院）

「高血圧・コレステロール性疾患と乾しいたけ」毎日新聞社・日本しいたけ振興協

議会共催，第1回シンポジウム，1981年

いくつかの臨床例の発表があり、53歳の婦人の患者の場合、降圧剤を飲むと吐き気、めまいがするといってまったく受けつけないので、しいたけの戻し汁を約1年間、飲んでもらった。最初190mmHgもあった最高血圧が1カ月後には160mmHgに、1年後には140mmHgに下がり、最低血圧も110mmHgが80mmHgを割るまでになった。

また、しいたけの戻し汁を与えた場合、老人の血中カルシウム値や蛋白値を保つうえで良い作用が期待できる。

乾シイタケ抽出物の自然発症高血圧（SHR）ダイコクネズミにおよぼす効果

万場光一（山口大学農学部）

医学と生物学，119 (5), 255-257 (1989)

しいたけの血漿コレステロール低下作用物質の単離（速報）

道喜美代、桜井幸子、栗原長代（日本女子大学）

栄養と食糧，23 (3), 218-221 (1970)

食用キノコ類のシロネズミコレステロール代謝におよぼす影響（VI）

常田文彦、渋川尚武、安元健、金田尚志（東北大学農学部）

栄養と食糧，24 (2), 92-95 (1971)

本態性高血圧自然発症ラットの血圧および血清脂質レベルに及ぼす自己消化処理したシイタケの影響

渡辺敏郎、山田貴子、辻啓介（姫路工業大学環境人間学部）、石知史、Tapan Kumar Mazumder、永井史郎（ヤエガキ醗酵技研株式会社）

日本食品科学工学会誌，49 (10), 662-669 (2002)

Effects of dietary eritadenine on the liver microsomal Δ6-desaturase activity and its mRNA in rats.

Yasuhiko Shimada, Akihiro Yamakawa, Tatsuya Morita, Kimio Sugiyama（静岡大学農学部）

Biosci Biotechnol Biochem., 67 (6), 1258-1266 (2003)

Dietary Eritadenine and Ethanolamine Depress Fatty Acid Desaturase Activities by Increasing Liver Microsomal Phosphatidylethanolamine in Rats.

Yasuhiko Shimada, Tatsuya Morita, Kimio Sugiyama（静岡大学農学部）

J Nutr., 133 (3), 758-765 (2003)

Effects of Dietary Eritadenine on Δ 6-Desaturase Activity and Fatty Acid Profiles of Several Lipids in Rats Fed Different Fats.

Yasuhiko Shimada, Tatsuya Morita, Kimio Sugiyama（静岡大学農学部）

Biosci Biotechnol Biochem., 66 (7), 1605-1609 (2002)

エリタデニンは、肝臓のΔ6-不飽和化酵素を抑制し、結果的にコレステロール低下作用を現す可能性を示した。

Eritadenine-induced alterations of plasma lipoprotein lipid concentrations and phosphatidylcholine molecular species profile in rats fed cholesterol-free and cholesterol-enriched diets.

Yasuhiko Shimada, Tatsuya Morita, Kimio Sugiyama（静岡大学農学部）

Biosci Biotechnol Biochem., 67 (5), 996-1006 (2003)

Correlation of suppressed linoleic acid metabolism with the hypocholesterolemic action of eritadenine in rats.

Kimio Sugiyama, Akihiro Yamakawa（静岡大学農学部）, Shigeru Saeki（大阪市立大学）

Lipids, 32 (8), 859-866 (1997)

Dietary eritadenine modifies plasma phosphatidylcholine molecular species profile in rats fed different types of fat.

Kimio Sugiyama, Akihiro Yamakawa, Hirokazu Kawagishi（静岡大学農学部）, Shigeru Saeki（大阪市立大学）

J Nutr., 127 (4), 593-599 (1997)

Dietary eritadenine-induced alteration of molecular species composition of phospholipids in rats.

Kimio Sugiyama, Akihiro Yamakawa（静岡大学農学部）

Lipids, 31 (4), 399-404 (1996)

Hypocholesterolemic action of eritadenine is mediated by a modification of hepatic phospholipid metabolism in rats.

Kimio Sugiyama, Toshiyuki Akachi, Akihiro Yamakawa（静岡大学農学部）

J Nutr., 125 (8), 2134-2144 (1995)

Eritadenine-induced alteration of hepatic phospholipid metabolism in relation to its hypocholesterolemic action in rats.

Kimio Sugiyama, Toshiyuki Akachi, Akihiro Yamakawa（静岡大学農学部）

J Nutr Biochem., 6 (2), 80-87 (1995)

The Hypocholesterolemic Action of *Lentinus edodes* Is Evoked through Alteration of Phospholipid Composition of Liver Microsomes in Rats.

Kimio Sugiyama, Toshiyuki Akachi, Akihiro Yamakawa（静岡大学農学部）

Biosci Biotechnol Biochem., 57 (11), 1983-1985 (1993).

エリタデニンは、燐脂質の脂肪酸組成を変化させ、結果的にコレステロール低下作用を現す可能性を示した。

エリタデニンの血しょうコレステロール低下作用とメチル基代謝との関係

杉山公男、山川晃弘（静岡大学農学部）、村松敬一郎（名古屋女子大学家政学部）

必須アミノ酸研究, 143, 48-53 (1995)

エリタデニンは、メチオニンのメチル化を制御し、結果的にコレステロール低下作用を現す可能性を示した。

Efficacy of S-adenosylhomocysteine hydrolase inhibitors, D-eritadenine and (S)-DHPA, against the growth of *Cryptosporidium parvum* in vitro.
Vlasta Čtrnáctá, Jason M. Fritzler, Mária Šurinová, Ivan Hrdý, Guan Zhu, František Stejskal

Exp Parasitol., 126 (2), 113-116 (2010)
　　エリタデニンは、下痢をひき起こす病原菌 *Cryptosporidium parvum* の産生する SAHH を阻害し、さらにその成長を抑制した。

Eritadenine-novel type of potent inhibitors of S-adenosyl-homocysteine hydorolase.
Ivan Votruba, Antonín Holý

In: J. Zelinka, J. Balan (Eds.), *Metabolism and Enzymology of Nucleic Acids 4: Proceedings of the Fourth International Symposium on Metabolism and Enzymology of Nucleic Acids*. 125-32 (1982), Slovak Academy of Sciences, Bratislava

Eritadenines - Novel type of potent inhibitors of S-adenosyl-L-homocysteine hydrolase.
Ivan Votruba, Antonín Holý

Collect. Czech. Chem. Commun., 47 (1), 167-172 (1982)
　　エリタデニンとその誘導体は、ラット肝臓の SAHH を阻害した。

シロネズミのコレステロール代謝に及ぼすコンニャク精粉とエリタデニンの相互作用
辻悦子、辻啓介、鈴木慎次郎（国立栄養研究所）

栄養学雑誌, 33 (1), 9-16 (1975)

抗腫瘍作用
（レンチナン〈1985年、制がん剤として認可〉の働き）

シイタケ二重鎖RNAの抗腫よう効果

石田名香雄、鈴木富士夫（東北大学医学部）

日本癌学会シンポジウム講演, 1973（昭和48）年12月17日

日本産シイタケ胞子より抽出された天然の二重鎖RNAは、ウサギその他の実験動物あるいはヒトやマウスの組織培養細胞で高力価のIFを誘起し、合成のpolyI：Cに優るとも劣らないIF誘起剤である。polyI：Cとシイタケ二重鎖RNAを比較すると、双方同じ二重鎖RNAでありながら、IF産生時の最適標的動物を異にし、polyI：Cはウサギ細胞、シイタケ二重鎖RNAはハムスター細胞で最も効率よくIFを産生させる。

この相違が何に基づくかわからないが、今後、ヒトを目標としたIF誘起剤を探すうえで参考となる事実である。

以上、polyI：C同様、シイタケ二重鎖RNAもマウスの固型腫瘍を抑制することが明らかになったが、この効果が腹水型腫瘍に対してはまったく発現されなかったことや、固型腫瘍の場合、細胞移植前の1回投与でも同じ効果が得られたことより、腫瘍を抑制するのではなく宿主に何らかの働きかけをし、その結果、腫瘍を消失させていると考えられる。

抗腫瘍多糖と癌に対する宿主の抵抗――新しい癌免疫化学療法への道

前田幸子、石村和子、千原呉郎（国立がんセンター）

蛋白質核酸酵素, 21 (6), 425-435 (1976)

①坦子菌類熱水抽出エキスの抗腫瘍性

日本や中国では古くからサルノコシカケ科に属する坦子菌類が癌に効果があるとの根強い伝承があるが、これら坦子菌類の多数を再検討した結果、サルノコシカケ、メシマコブ、カワラタケなどの坦子菌類、シイタケ、エノキタケなどの食用菌類の熱水抽出エキスが、スイスマウス皮下に移植されたサルコーマ180の成長を強く抑制することを見出した。

②シイタケの抗腫瘍多糖レンチナン

サルコーマ180に対して、レンチナンのように強力な効果を示す物質は他に類例がない。一方、レンチナンは他にも若干の腫瘍には有効であるが、多くの腫瘍、特に同系癌、自家癌には効果なく、その抗癌スペクトルはそれほど広くない。

シイタケの経口投与による免疫増強作用について

難波宏彰、黒田久寅（神戸女子薬科大学）、森寛一（日本きのこ研究所）

日本菌学会第30回大会講演，1986年5月31日

シイタケ子実体粉末を含有する飲料（L-feed）を与えると同系腫瘍坦がんマウスの腫瘍細胞の増殖は抑制されるが、シイタケを経口投与した場合にもマクロファージ（Mf）の活性化が行われた。

①約60%の抗腫瘍性を示したICRマウスサルコーマ180系では、坦がん15日後のMfのSOA（Super oxide anion）放出量はL-feedにより2倍に増加したが、抑制率が低かったCDFマウスIMC腫瘍系では、シイタケを与えても正常マウスの放出量レベルに回復しただけである。これに対し、80%の増殖抑制効果が得られたS3HマウスMM-46腫瘍系では、シイタケにより坦がんマウスMfでも約1.5倍のSOA量が産生された。

②非特異的な細胞傷害作用を示すNK細胞の活性化をC3Hマウスを用いて調べたところ、正常飼料では低下してゆく坦がんマウスのNK細胞は、標的腫瘍をP-815とした場合には、シイタケを与えることにより1.3〜1.5倍に、また、YAC-1腫瘍に対しては約1.9倍に増強されることが認められた。

腫瘍細胞に対して特異に働く細胞傷害性Tリンパ球（Tc）に及ぼす作用を調べたところ、シイタケを与えられたC3Hマウス脾細胞のP-815腫瘍細胞に対する傷害作用は約1.4倍と増大した。

dewis dung腫瘍の移転抑制に対するシイタケの作用を調べたところ、約30%の転移阻止率が得られた。

以上の結果、シイタケはMfの腫瘍細胞傷害作用を示すSOAの放出量を増大し、Pre-NK細胞からNK細胞への誘導、またはNK細胞の傷害作用を増強するとともに、Tcの誘導がシイタケによって促進されることなどを推定した。

Isolation and characterization of a new antitumor polysaccharide, KS-2, extracted from culture mycelia of Lentinus edodes.

Toshikatsu Fujii（キリンビール株式会社）, Hiroshi Maeda（熊本大学医学部）, Fujio Suzuki, Nakao Ishida（東北大学医学部）

J Antibiot (Tokyo)., 31 (11), 1079-1090 (1978)

シイタケの培養菌糸体より抽出した新抗腫瘍、抗ウイルス物質のKS2は経口投与でも腹腔投与でもマウスにおけるエールリッヒ腫瘍、サルコーマ180腫瘍の増殖を抑制し、IFを誘発する。急性毒性は極度に低く、マウスに投与してLD_{50}12,500㎎/kg以上であった。

ニトロソグアニジン系発癌剤経口投与マウスのNKおよびLAK細胞活性とシイタケ食の影響

倉茂達徳、阿久沢由紀、児玉一恵（群馬大学医療技術短期大学部）、森寛一（日本きのこ研究所）

医学のあゆみ, 148 (4), 265-266 (1989)

乾シイタケ抽出物のヌードマウス（Balb/c n/n）移植肝癌におよぼす効果

万場光一（山口大学農学部）、鈴木秀作、佐畑ひとみ

医学と生物学, 123 (3), 119-121 (1991)

胃がん・大腸癌および乳癌の進行例また再発例に対するレンチナンの効果

田口鉄男

癌と化学療法, 10, 387-393 (1983)

ビタミンDと乾しいたけ

ビタミンDは、1920年代に、欠乏すると骨の病気をもたらすビタミンとして発見された。しいたけなどきのこ類、魚類など食物に含まれるほか、日光の紫外線を浴びると皮膚内でも作られる。

最近、ビタミンDは骨の代謝以外にも、生活習慣病の予防など重要な働きをすることがわかってきた。

骨を丈夫にし、クル病を追放

松岡憲固（大阪府立公衆衛生学院）

第9回国際食用きのこ会議講演, 1974年

クル病は、食物中のビタミンDと日光の不足により発生するが、北緯40度以北のほか、降雪、工場地帯、高層アパート、地下街に住む人、日光の照射の足りない人、特に子供の中に発生する。

乾燥椎茸に健康線を当てることで1,000IUのビタミンD_2を確実につくることができる。また、椎茸内のビタミンD_2は、健康線照射によってその他のビタミンやニコチン酸などと相乗作用し、ビタミンD_2の結晶よりも効果が高い。

調理時におけるシイタケ中のビタミンDの変化

有本邦太郎（神奈川県立栄養短期大学）、小野忠義（大阪府立農林技術センター）、倉田千賀子（日本公衆衛生協会）

日本公衆衛生雑誌, 17 (13), 1064-1066 (1970)

調理時におけるビタミンDの変化は、

①天ぷら、油炒めなど油を用いる調理では、かなりの高温（130〜190℃）にもかかわらず、ビタミンDの損失は認められなかった。

②煮物のような水を用いた調理では多少損失があり、長時間、加熱するほどDは失われた。

③乾燥シイタケを水に戻すことによって水の中にDが移り、さらに水しぼりによって流出した。

腰痛・骨折予防にビタミンD

吉川敏一（京都府立医科大学）

日本経済新聞, 2009年11月6日付

ビタミンDは健康な骨を作るビタミンとして知られており、カルシウムの腸管からの吸収を助け、血液中のカルシウムを骨まで運ぶのを手伝い、カルシウムが骨に沈着するのを助けている。また腎臓でのカルシウムの再吸収を促し、腎臓からの排泄を抑制するなど、カルシウムの減少を防いでいる。

老化とともに骨密度が減少し、腰が曲がったり骨折しやすくなったりする、いわゆる骨粗鬆症の予防にはバランスのよい食事と適度な運動のほかに、ビタミンDの摂取が不可欠である。

脂溶性ビタミンのため、人工透析や長い期間の下痢、脂肪の吸収機能の低下、無理なダイエットや偏った食事などで不足がちになる。

年とともに気をつけなければならない腰痛や骨折の予防に、ビタミンDを多く含む食品の積極的な摂取を心がけよう。

ビタミンD、上手に摂取　骨の代謝促進・生活習慣病を予防

NIKKEI プラス1, 2011年6月11日付

1980年代に米国で行われた調査で、日照量の少ない北部地域では大腸がん（結腸がん）の死亡率が高いことが明らかになった。わが国でも、国立国際医療研究センターの溝上哲也疫学予防研究部長が2000年から取り組んでいる「日本各地の年間平均日照時間と大腸がんによる死亡率調査」では、東北地方など日照率の低い地域ほど大腸がんのリスクが高まることを突き止めた。

溝上部長は、がんの予防にはカルシウムの効果が、ほぼ確実視されており、カルシウムの吸収を助けるビタミンDも効果がありそうだと話している。

また、本年5月に開催された日本抗加齢医学会総会では、ビタミンDのアンチエイジング効果が注目された。国立長寿医療研究センター病院の細井孝之研究推進部長によると、ビタミンDはホルモンとして身体のさまざまな組織で重要な働きをしている。

骨質を保つ効果、運動能力を維持し転倒を予防する効果、糖尿病や動脈硬化など生活習慣病を予防する効果など、高齢者の健康維持のためにも重要な成分であることがわかってきた。

これまで日本人はビタミンDを豊富に含む魚を食べる機会が多いため不足

することは少ないと考えられてきた。しかし、血中のビタミンD濃度を測定してみると、ビタミンD不足の人が意外に多いことが判明している。国立長寿医療研究センター病院の原田敦副院長らの調査結果では、介護施設で暮らす女性高齢者の8割は、ビタミンDの血中濃度が低かった。

血中のビタミンD濃度を保つためには、食事と日光浴の両方を上手に利用することが大切で、溝上部長は「皮膚が作り出すビタミンDの量は多く、日光浴の重要性も見直したい」と話している。

日に当たる機会が少ない人や、日照時間の短い冬季は、食事に気を配りたい。ビタミンDは、魚の脂肪や肝臓、キノコ類などに豊富に含まれる。脂ののったサケやカジキ、サバを食事に取り入れるほか、日常的な惣菜に干しシイタケなどを使うのもいい。

毎日、20分ほど散歩したり、魚やキノコ類を積極的に食べたり、健康維持に良いとされてきた生活は、実は、十分なビタミンD量を保つためにも効果的だといえる。

（参考　厚生労働省の「日本人の食事摂取基準」では、一般成人、1人当たりビタミンD：5.5マイクログラム、妊婦、それに1.5マイクログラムをプラスするのが目安である。）

Dietary calcium and vitamin D_2 supplementation with enhanced *Lentinula edodes* improves osteoporosis-like symptoms and induces duodenal and renal active calcium transport gene expression in mice.

Geun-Shik Lee, Hyuk-Soo Byun, Kab-Hee Yoon, Jin-Sil Lee, Kyung-Chul Choi, Eui-Bae Jeung

---

Eur J Nutr., 48 (2), 75-83 (2009)

オスのマウスに、低カルシウム・ビタミンD_3不足の餌を与え、これに紫外線照射したシイタケおよびカルシウムを与えたとき、骨粗鬆症の改善、または予防効果があるかどうかを調べた。

その結果は、

①低カルシウム・ビタミンD_3不足の餌を食べたマウスは骨粗鬆症の症状は進行した。

②カルシウム・ビタミンD_2を補強したシイタケを含む餌を与えたマウスでは、大腿骨密度と脛骨の厚さが顕著に増加していた。また、十二指腸と腎臓においてカルシウム輸送遺伝子の発現が顕著に誘導されていた。

これらの結果、マウスにおいて、紫外線照射されたシイタケ由来のビタミンD_2とカルシウムの両方、あるいはどちらかが、骨への直接的な効果を通じて、また、十二指腸や腎臓において、カルシウム吸収遺伝子の発現を誘導することによって、骨の石灰化を改善する可能性を示唆している。

Bioavailability of vitamin D_2 from irradiated mushrooms: an *in vivo* study.

Viraj J. Jasinghe, Conrad O. Perera, Philip J. Barlow

Br J Nutr., 93 (6), 951-955 (2005)

食物繊維と乾しいたけ

食物繊維は腸管内におけるコレステロールや発がん物質など有害な物質を吸着し排出を速めることから、生活習慣病や結腸がんや直腸がんの予防に効果がある。

食品中の食物繊維量

可食部100g当たり（単位g）

食品名	繊維量
乾しいたけ	41.0
生しいたけ	3.5
ゴボウ	5.7
ニンジン	2.7
サツマイモ	2.3
大根	1.4
キャベツ	1.8
レタス	1.1
長ネギ	2.2
小豆（乾）	17.8
大豆（乾）	17.1
セロリ	1.5

日本食品標準成分表2010

キノコ中の難消化成分（食物繊維）による外因性コレステロール上昇抑制作用

倉沢新一、林淳三（関東学院女子短期大学）、菅原龍幸（女子栄養大学）

第35回日本栄養食糧学会講演, 1981年5月28〜30日

キノコ（特にシイタケ）の食物繊維（NDF）は外因性のコレステロール上昇を抑制する効果がある。

動物実験には、SD系の雄ラットを用い、飼育飼料として、基本食と、コレステロール（1%）とコール酸（0.3%）を添加した比較食、NDFを10%添加した試験食と、NDFと粉砕したキノコを10%添加した試験食（Whole）の4グループに分け、10日間それぞれの飼料で飼育した。

その結果、血漿と肝臓におけるコレステロール値は、基本食（血漿75±

10㎎/100㎖、肝臓3±0.3㎎/g)、試験食(Whole)(82±8、3.7±0.3)、試験食(NDF)(115±21、4.2±0.3)、比較食(149±23、5.9±0.4)の順に高い値を示した。

この結果からキノコの中のNDFには外因性のコレステロール上昇を抑制する作用があるものと認められる。

従来、シイタケ中にはコレステロール低下作用があるエリタデニンの存在が認められているが、本実験における試験食(NDF)と試験食(Whole)とのコレステロール濃度の差がエリタデニンの作用に相当すると考えられる。

コンブ(*Laminalia japonica* Areschoug)またはシイタケ(*Lentinus edodes* Sing.)投与によるラット消化酵素の変化

藤田修三、不破英次(大阪市立大学)

日本栄養・食糧学会誌, 36 (4), 265-271 (1983)

コンブおよびシイタケを含む食餌をラットに8日間与え、消化酵素活性と、消化機能におよぼす影響を検討した。

その結果は、

①膵臓中のα-アミラーゼの総活性は、コントロール食群と比較して、コンブ食群では同様の活性、シイタケ食群では、約2倍上昇した。プロテアーゼ総活性は、両実験食群とも上昇した。

②小腸粘膜中の糖類水解酵素活性について、シュクラーゼ・ラクターゼ総活性は、コンブ食を与えることにより上昇した。グルコアミラーゼ総活性は、シイタケ食を与えることにより低下し、一方、マルターゼ・イソマルターゼ総活性は、ともに実験材料に影響されなかった。

③コンブおよびシイタケは、同じ食物繊維を含む食品ではあるが、それらの性質により、消化酵素活性に異なった影響を与えることがわかった。

Dietary Shiitake Mushroom (*Lentinus edodes*) Prevents Fat Deposition and Lowers Triglyceride in Rats Fed a High-Fat Diet.

D. Handayani, J. Chen, B. J. Meyer, X. F. Huang

J Obes., 2011:258051. Epub 2011 Oct 19 (2011)

Cholesterol-Lowering Effects of Maitake (*Grifola frondosa*) Fiber, Shiitake (*Lentinus edodes*) Fiber, and Enokitake (*Flammulina velutipes*) Fiber in Rats.

Michihiro Fukushima, Tetsu Ohashi, Yukiko Fujiwara（帯広畜産大学），Kei Sonoyama（北海道大学），Masuo Nakano（帯広畜産大学）

Exp Biol Med (Maywood)., 226 (8), 758-765 (2001)

カリウムと乾しいたけ

カリウムは、「ナトリウムの排泄を促し、血圧を下げる」「筋肉や心筋の活動を正常に保つ」「便秘解消の働き」「老廃物の腎臓における排泄を促す」などのさまざまな働きがあるが、乾しいたけには豊富に含まれている。

食品中のカリウム量

（単位 mg）

食品名	含有量
乾しいたけ	2,100
トチの実	1,900
パセリ	1,000
ソバ	410
リンゴ	110

日本食品標準成分表 2010

その他

ウイルスとしいたけ

コクラン（ミシガン大学）

第9回国際食用きのこ会議講演，1974年11月4日

多数の野生及び栽培マッシュルームが抗ウイルス活性を持つことが発見されており、特にインフルエンザに対してネズミで研究されてきた。この作用について特に活性の強いのは日本産の乾しいたけである。この抗ウイルス活性は感染の前後、いずれにも効果があり、注射・経口どちらの方法でもよい。

抗ウイルス性については、いくつかの研究があり、作用のメカニズムは、人間のコレステロールを低下させる低分子化合物のレンチナンや、突然的に抗がん性を持つ高分子多糖類のレンチナンとか、またマイコファジーに由来し、時にマッシュルーム中に自然に現れるインターフェロン・インデュサーのようなものである。

ミシガン大学では、日本産乾しいたけから活性抗ウイルス性物質を抽出可能なことを証明したが、現在までの結果では活性作用は高分子物質中のみに発見されている。

この物質の活性のスペクトル、化学的諸性質など作用機構は現在、研究中である。

新抗腫瘍多糖類KS-2と風邪

Toshikatsu Fujii（キリンビール株式会社）ほか

シイタケの培養菌糸体から抽出した免疫機能亢進物質のKS-2が、インフルエンザウイルスA/Kumamoto（H_2N_2）ウイルスの鼻孔感染に対し、有意の抗ウイルス活性を持つことがわかった。KS-2を経口、または腹腔投与したマウス血清にウイルス阻害活性が認められ、その活性がIFであると推定される。これはKS-2の防御活性がIF誘発によることを示唆している。

エイズ発症防止に目途

松田重三（帝京大学）

「第5回国際血友病治療学シンポジウム」, 東京新聞, 1986年9月6日付

血友病患者16人に、レンチナン、酸性処理をしたグロブリン製剤など4種類の生物学的反応性（免疫力）を高める物質を投与したところ、最も効果があったのはレンチナンであった。3人の血友病患者に週1回、10㎎を静脈注射したところ、半年後に3人の免疫力が向上した。免疫力は、リンパ球中のT4細胞の数がT8細胞に比べて多いほど高いとされているが、初めT4細胞がT8細胞の半分しかなかったのが、この治療で、ほぼ同数に増え、通常人に近づいた。

シイタケと血小板凝集に関する研究

早川道彦、葛谷文男（名古屋大学医学部）

日本老年医学会雑誌, 22 (2), 151-159 (1985)

シイタケの活性酸素補足・消去性タンパク質

川岸舜朗

井上正康編著：活性酸素と医食同源――分子論的背景と医食の接点を求めて, (1996), 共立出版, 東京

Dietary eritadenine suppresses guanidinoacetic Acid-induced hyperhomocysteinemia in rats.

Shin-ichiro Fukada, Minoru Setoue, Tatsuya Morita, Kimio Sugiyama

J Nutr., 136 (11), 2797-2802 (2006)

エリタデニンは、グアニド酢酸によってひき起こされるラットの高ホモシステイン血症を抑制した。

Suppression of Methionine-Induced Hyperhomocysteinemia by Dietary Eritadenine in Rats.

Atsushi Sekiya, Shin-ichiro Fukuda, Tatsuya Morita, Hirokazu Kawagishi, Kimio Sugiyama.

Biosci Biotechnol Biochem., 70 (8), 1987-1991 (2006)

エリタデニンは、メチオニンによってひき起こされるラットの高ホモシステイン血症を抑制した。

Application of eritadenine in the food causing fatness by the interfering carbonic acid beverage.

Rou Wan

Faming Zhuanli Shenqing Gongkai Shuomingshu, (2008), CN 101133893 A, 20080305.

炭酸飲料（コーラ）に、エリタデニンを添加した動物実験で、肥満を防ぐことに成功した。

乾しいたけの規格類

1　乾椎茸内地取引規格

東京椎茸同業会　1956（昭和31）年8月1日実施

	銘柄	撰別サイズ	品柄形状	備考
香信之部	上香信	八分篩上げ	傘全開し薄肉で中肉混り 形は整一なもの 色は淡黄色乳白色のもの	輸出銘柄
	並香信	六分篩上げ	傘全開し薄肉、中肉混り 形はやや整一ならざるもの 色は淡黄色物混りて可	輸出銘柄
	大飛	三寸五分上	中肉、薄肉混り	
	大撰	三寸五分以下 二寸五分止	中肉、薄葉物の二種別とする	
	中撰	二寸五分以下 二寸止	上に同じ	
	小撰	二寸以下 一寸止	上に同じ	別称中茶撰
	茶撰	一寸五分以下 一寸三分止	色良く形整一なもの	
	小茶撰	一寸二分以下 一寸止	上に同じ	関西地方呼称 しっぽく
	中小間斤	一寸以下 七分止	割葉抜き	
	信貫一級品	八分篩上げ	中肉薄葉混り バレ葉、割葉、虫害、黒子抜き 色、形共に良きもの	上香信相当級
	信貫二級品	六分篩上げ	中肉薄肉にて形不揃物混り 虫害、黒子抜き 色は淡黄色物混り	並香信相当級

香信之部	信貫三級品	六分篩上げ	二級相当品にバレ葉、割葉、全量の三割以内 色は淡黄色可。混入のもの（但し虫害は除く）	
	同格外品		黒子、割葉、虫害のもの	
	小間斤一級品	七分三分止	割葉、足、木の皮抜き	
	小間斤二級品	六分以下	足、粉、木の皮抜き	
冬菇之部	天白冬菇	二寸以下 七分止	傘全開せず厚肉丸形のもの 傘の表面に網状の白い割目あるもの 傘の裏は淡黄色乳白色のもの	別称花冬菇 別称玉冬菇
	上冬菇	七分上	傘全開せず厚肉丸形のもの 傘の裏は淡黄色乳白色のもの 形は整一なもの	
	並冬菇	六分上	傘は全開せず中肉、形不揃物混り	
	小玉冬菇	六分下三分止	冬菇、香信の小形の物混り 足、粉、割葉、木の皮抜き	別称小粒冬菇

（注）包装条件

乾燥度　各銘柄共に手障にて良好なることが直覚し得るものとなること

外装　ダンボール又は木箱――容量１貫匁を基準とすること

木箱――容量約八才箱を準用すること（八才箱＝輸出規格箱）

内装　防湿――ターポリン紙を使用のこと。但し、雨季間（５～８月）二重ターポリン

防虫――二酸化炭素入り小瓶綿栓の上、箱の中央上層に入れること

2　関西地域の取引規格

戦前から昭和40年代頃まで

大撰（オオヨリ）	1寸5分以上で香信系、丸形のきれいなもの
中撰（チュウヨリ）	1寸2分から1寸5分のもの、中葉ともいう
中小間（チュウコマ）	1寸下で厚薄を問わない
小間（コマ）	東京でいう小間斤で、関西では斤を使わない
バリ・バレ葉	1寸8分以上、大葉ともいい、アバレがバレ葉に変化した
アラ葉	8分上
ジャミ	6分下、主に香信をいう
カニメ	ジャミより小さいものでカニの目が語源という
セロ	薄くて丸く色のよいもの、香信をいう
上目（ジョウメ）	丸形のきれいなもの
中目（チュウメ）	丸形の少し変形したもの、香信系で肉が少し厚いもの
香菇	中目より少し肉が厚いもので、厚肉ともいう
マス目	容積取引の明治時代に使用されたもので1寸5分上とか1寸6分上など篩（ふるい）の目の大きさで分別されていた
シッポク	シッポクうどんが語源という
信貫	大阪では使わない、名古屋から東で使われている
寸玉	冬菇で1寸前後のもの
中玉	冬菇で9分下のもの
小玉	冬菇で6分下のもの
日和子	
雨子	
黒子	
藤子	

3　流通規格

1988（昭和63）年頃、日椎連調べ

	銘柄	大きさ	肉厚の形状	形
花どんこ	花どんこ	24～50mm	厚肉、半球形、表面に白い亀裂、中肉も可	丸形
	花中玉どんこ	20～25	〃	〃
	花小玉どんこ	15～22	〃	〃
どんこ	上どんこ	24～50	厚肉、半球形、表面は滑らか、中肉も可	〃
	どんこ	24～50	〃	〃
	並上どんこ	20～45	〃	〃
	並どんこ	18～40	〃	丸形、多少変形も可
	並々どんこ	18～40	〃	〃
	3並どんこ	18～40	〃	〃
	一寸こ	25～30	〃	〃
	中玉どんこ	20～25	〃	〃
	小玉どんこ	15～22	〃	〃
スライス	スライス	25～60	幅は1～6mm 1～3mm乾切り、3～6mm生切り	伸びがよく白いもの
	並スライス	26～60	〃	スライスに次ぐもの
こうこ	花こうこ	50～100	中厚肉、傘は中開き、巻き込み良	丸形
	上こうこ	50～100	〃	〃
	こうこ	50～100	〃	〃
	並こうこ	50～100	上記のほか扁平も含む	丸形、多少の変形も可
こうしん	こうしん大葉	60～100	ウス、傘の表面は滑らか、わずかに巻き込みのあるもの	丸形
	こうしん中葉	35～60	〃	〃
	こうしん小葉	25～40	〃	〃
	上こうしん	40～60	〃	〃
	並こうしん	35～60	〃	丸形、多少変形も可
	茶より	40～50	ウス、傘の表面は滑らか、わずかに巻き込みのあるもの、中肉も可	丸形
	中葉より	35～45	〃	〃
	小葉より	30～40	〃	〃
	シッポク	25～35	〃	〃
	信貫	22～27	中肉、ウス	丸形、変形、カケも可

4　小売規格

業界で統一された小売規格は存在しない。

業者それぞれ呼び名の異なるプライベートブランド（PB）で販売しており、PBの数は少ないところでも二十数種類、多いところでは50種類以上にもなる。

代表的な一例を挙げる。

<どんこ>

花どんこ、花中玉どんこ、花小玉どんこ、上どんこ、どんこ、並上どんこ、並どんこ、並々どんこ、3並どんこ、一寸こ、中玉どんこ、小玉どんこ

<こうこ>

花こうこ、上こうこ、こうこ、並こうこ

<こうしん>

こうしん大葉、上こうしん、並こうしん、茶より、中葉より、小葉より、シッポク、信貫

5　日本農林規格

昭和52年 農林省告示、平成16年 廃止

（どんこの規格）

区分		基準	
		上級	標準
品質	傘の形状並びに肉厚及び開きの程度	全形のものであって、傘の形状がほぼ半球形で、その開きが小さい乾しいたけ又は傘が厚肉であってその開きが中程度の乾しいたけであること。ただし、その他の乾しいたけが重量で20%以下混入していてもよい。	全形のものであって、傘の形状がほぼ半球形で、その開きが小さい乾しいたけ又は傘が厚肉であってその開きが中程度の乾しいたけであること。ただし、その他の乾しいたけが重量で30%以下混入していてもよい。
	色沢	1 固有かつ優良な色沢を有すること。 2 傘の裏面のひだが黒褐色であるか又は著しく褪色した乾しいたけの混入がほとんどないこと。 3 傘の裏面のひだが黒色の乾しいたけの混入がないこと。	1 固有かつ良好な色沢を有すること。 2 傘の裏面のひだが黒褐色であるか又は著しく褪色した乾しいたけの混入が重量で2%以下であること。 3 傘の裏面のひだが黒色の乾しいたけの混入がないこと。
	香気	固有かつ優良な香気を有し、異臭がないこと。	固有かつ良好な香気を有し、異臭がないこと。
	大きさ	別表1に掲げる大きさの区分の基準により区分されていること。	同左
	水分	13%以下であること。	同左
	肉質	1 肉質が優良であること。 2 肉質が劣る乾しいたけの混入が重量で3%以下であること。 3 肉質が著しく劣る乾しいたけの混入がほとんどないこと。	1 肉質が良好であること。 2 肉質が劣る乾しいたけの混入が重量で5%以下であること。 3 肉質が著しく劣る乾しいたけの混入がほとんどないこと。
	欠け等	次に掲げるものの混入が重量で10%以下であること。ただし、1に掲げるものにあっては、5%以下であること。 1 傘に著しい欠け（傘のほぼ3分の1以上であると認められる欠けをいう。以下同じ。）があるか又は傘がばれ（著しく上方に反転している傘をいう。以下同じ）である乾しいたけ	次に掲げるものの混入が重量で20%以下であること。ただし、1に掲げるものにあっては、10%以下であること。 1 傘に著しい欠け（傘のほぼ3分の1以上であると認められる欠けをいう。以下同じ。）があるか又は傘がばれ（著しく上方に反転している傘をいう。以下同じ）である乾しいたけ

（前ページより続く）

区分		基準	
		上級	標準
品質	欠け等	2 傘に軽微な欠け（傘のほぼ6分の1以上3分の1未満であると認められる欠けをいう。以下同じ）のある乾しいたけ 3 その他形状が不良な乾しいたけ	2 傘に軽微な欠け（傘のほぼ6分の1以上3分の1未満であると認められる欠けをいう。以下同じ）のある乾しいたけ 3 その他形状が不良な乾しいたけ
	虫害こん等	虫害こん又は鳥獣等の被害のある乾しいたけの混入が重量で1%以下であること。	同左
	かび	かびの付着した乾しいたけが混入していないこと。	同左
	きょう雑物	木の皮等の混入が重量で1%以下であること。	同左
	原材料	しいたけ以外のものを使用していないこと。	同左
	異物	混入していないこと。	同左
	内容量	表示重量に適合していること。	同左
	包装の状態	防湿性のある資材を用いて密封されていること。	同左

（こうしんの規格）

区分		基準	
		上級	標準
品質	傘の形状並びに肉厚及び開きの程度	全形のものであって、傘の形状がほぼ扁平形でその開きが大きい乾しいたけ又は傘が薄肉であってその開きが中程度の乾しいたけであること。ただし、その他の乾しいたけが重量で30%以下混入していてもよい。	同左
	色沢	1 固有かつ優良な色沢を有すること。 2 傘の裏面のひだが黒褐色であるか又は著しく褪色した乾しいたけの混入がほとんどないこと。 3 傘の裏面のひだが黒色の乾しいたけの混入がないこと。	1 固有かつ良好な色沢を有すること。 2 傘の裏面のひだが黒褐色であるか又は著しく褪色した乾しいたけの混入が重量で2%以下であること。 3 傘の裏面のひだが黒色の乾しいたけの混入がないこと。

品質	香気	固有かつ優良な香気を有し、異臭がないこと。	固有かつ良好な香気を有し、異臭がないこと。
	大きさ	別表2に掲げる大きさの基準により区分されていること。	同左
	水分	13%以下であること。	同左
	肉質	1 肉質が優良であること。 2 肉質が劣る乾しいたけの混入が重量で3%以下であること。 3 肉質が著しく劣る乾しいたけの混入がほとんどないこと。	1 肉質が良好であること。 2 肉質が劣る乾しいたけの混入が重量で5%以下であること。 3 肉質が著しく劣る乾しいたけの混入がほとんどないこと。
	欠け等	次に掲げるものの混入が重量で10%以下であること。ただし、1に掲げるものにあっては5%以下であること。 1 傘に著しい欠けがあるか又は傘がばれである乾しいたけ 2 傘に軽微な欠けのある乾しいたけ 3 その他形状が不良な乾しいたけ	次に掲げるものの混入が重量で40%以下であること。ただし、1に掲げるものにあっては、10%以下であること。 1 傘に著しい欠けがあるか又は傘がばれである乾しいたけ 2 傘に軽微な欠けのある乾しいたけ 3 その他形状不良な乾しいたけ
	虫害こん等	虫害こん又は鳥獣等の被害のある乾しいたけの混入が重量で1%以下であること。	同左
	かび	かびの付着した乾しいたけが混入していないこと。	同左
	きょう雑物	木の皮等の混入が重量で1%以下であること。	同左
	原材料	しいたけ以外のものを使用していないこと。	同左
	異物	混入していないこと。	同左
	内容量	表示重量に適合していること。	同左
	包装の状態	防湿性のある資材を用いて密封されていること。	同左

（注）別表1および別表2は省略

6　乾しいたけの輸出検査の基準

1957（昭和32）年 輸出検査法制定、95（平成7）年 廃止

	上級		並級		低級
	どんこ	花どんこ	どんこ	こうしん	
形状、肉厚及び開傘	(1) 半球形で厚肉若しくは中肉のもの又は丸形半開以下で厚肉のものが重量で80%以上であること。 (2) 丸形半開以下で薄肉のもの、中開で中肉若しくは薄肉のもの又は扁平形全開のものが混入していないこと。	(1) 半球形で厚肉若しくは中肉のもの又は丸形半開以下で厚肉のものが重量で80%以上であること。 (2) 丸形半開以下で薄肉のもの、中開で中肉若しくは薄肉のもの又は扁平形全開のものが混入していないこと。 (3) 天白又は茶花のあるものが重量で90%以上であること。	(1) 半球形のもの、丸形半開以下で厚肉若しくは中肉のもの又は中開で厚肉のものが重量で60%以上であること。 (2) 中開で薄肉のもの又は扁平形全開で中肉若しくは薄肉のものの混入が重量で50%以下であること。	(1) 扁平形全開のもの、中開で中肉若しくは薄肉のもの又は丸形半開以下で薄肉のものが重量で90%以上であること。 (2) 丸形半開以下で厚肉若しくは中肉のもの又は中開で厚肉のものの混入が重量で10%以下で、半球形のものが混入していないこと。	
大きさ	中型どんこが適度に混入し、ふるい分け重量比率がそれぞれ次に適合すること。 (1) 菌柄のあるものにあっては、18.2ミリふるい下のものがほとんどないこと。 (2) 菌柄を除去したものにあっては、18.2ミリふるい下のものの混入が5%以下であること。ただし15.2ミリふるい下のものはほとんどないものでなければならない。	同左	ふるい分け重量比率がそれぞれ次に適合すること。 (1) 菌柄のあるものにあっては、18.2ミリふるい下のものの混入が3%以下であること。 (2) 菌柄を除去したものにあっては、18.2ミリふるい下のものの混入が7%以下であること。ただし15.2ミリふるい下のものは3%以下でなければならない。	ふるい分け重量比率がそれぞれ次に適合すること。 (1) 菌柄のあるものにあっては、21.2ミリふるい下のものの混入が3%以下であること。 (2) 菌柄を除去したものにあっては、21.2ミリふるい下のものの混入が5%以下であること。ただし18.2ミリふるい下のものは3%以下でなければならない。	9.1ミリふるい下のものの混入が重量で3%以下であること。

乾燥	水分含有量が13%以下であること。	同左	同左	同左	同左
色沢、虫害等	(1) 次に掲げるものが混入していないこと。 ㋑菌しゅうが黒色、黒褐色又は著しく褪色したもの ㋺菌傘に著しい割れ、欠け、ばれ等のあるもの ㋩菌柄が著しく太いもの ㋥かびの付着したもの ㋭虫害のあるもの (2) 次に掲げるものの混入が重量で2%以下であること。 ㋑菌しゅうが褐色のもの ㋺菌傘の欠けが軽微なもの ㋩鳥獣等の被害のあるもの (3) 害虫がいないこと。 (4) きょう雑物の混入がほとんどないこと。	同左	(1) 次に掲げるものが混入していないこと。 ㋑菌しゅうが黒色のもの ㋺かびの付着の著しいもの ㋩虫害の著しいもの ㋥異臭のあるもの (2) 次に掲げるものの混入が重量で5%（菌しゅうが黒褐色のもの、かびの付着の軽微なもの又は虫害の軽微なものは3%）以下であること。 ㋑菌しゅうが黒褐色のもの ㋺菌傘に著しい割れ、欠け、ばれ等のあるもの ㋩菌柄が著しく太いもの ㋥かびの付着の軽微なもの ㋭虫害の軽微なもの (3) 害虫がいないこと。 (4) きょう雑物の混入がほとんどないこと。	(1) 次に掲げるものが混入していないこと。 ㋑菌しゅうが黒色のもの ㋺かびの付着の著しいもの ㋩虫害の著しいもの ㋥異臭のあるもの (2) 次に掲げるものの混入が重量で10%（菌しゅうが黒褐色のもの、かびの付着の軽微なもの又は虫害の軽微なものは3%）以下であること。 ㋑菌しゅうが黒褐色のもの ㋺菌傘に著しい割れ、欠け、ばれ等のあるもの ㋩菌柄が著しく太いもの ㋥かびの付着の軽微なもの ㋭虫害の軽微なもの (3) 害虫がいないこと。 (4) きょう雑物の混入がほとんどないこと。	(1) 次に掲げるものの混入がほとんどないこと。 ㋑菌しゅうが黒色のもの ㋺かびの付着の著しいもの ㋩虫害の著しいもの ㋥異臭のあるもの (2) 大きさが21.2ミリふるい上のもので、割れ、欠け等の欠点がなく、菌しゅうが淡黄色又は乳白色のものの混入が重量で50%以下であること。 (3) 害虫がいないこと。 (4) きょう雑物の混入がほとんどないこと。

江戸末期から明治初期の椎茸相場

1〜2月、大阪乾物商調べ

単位　1石：銀 匁・円

西暦	和暦	金額	西暦	和暦	金額	西暦	和暦	金額
1830	天保元	160 匁	1847	弘化 4	230 匁	1864	元治元	660 匁
1831	2	168	1848	嘉永元	235	1865	慶応元	800
1832	3	160	1849	2	210	1866	2	1,100
1833	4	150	1850	3	225	1867	3	1,600
1834	5	190	1851	4	210	1868	明治元	1,900
1835	6	190	1852	5	240	1869	2	2,200
1836	7	190	1853	6	240	1870	3	2,400
1837	8	160	1854	安政元	265	1871	4	2,500
1838	9	180	1855	2	240	1872	5	2,700
1839	10	200	1856	3	210	1873	6	3,000
1840	11	240	1857	4	225	1874	7	3,500
1841	12	260	1858	5	240	1875	8	4,000
1842	13	240	1859	6	270	1876	9	16 円
1843	14	230	1860	万延元	300	1877	10	16
1844	弘化元	290	1861	文久元	320	1878	11	15
1845	2	300	1862	2	290	1879	12	15
1846	3	230	1863	3	320	1880	13	15

乾しいたけの需要分野別状況の推移

1995（平成7）年、日椎連調べ

年代	需要区分				需要内容		使用品柄		
	輸出（%）	内需（%）							
		家庭用	贈答用	業務用	家庭用	業務用	家庭用	贈答用	業務用
1925〜	47	53			冠婚葬祭、客接待		香信撰物、ウス葉		
46〜	37	63			冠婚葬祭、節句（寿司、まぜご飯、吸い物）	高級料理、割烹、中国料理、加工	撰物、ウス小葉		撰物、冬菇、信貫、並どん、小粒
61〜	25	75			家庭料理、贈答	料亭、割烹、食堂、中国料理、加工	ウス小葉、香信大葉		撰物、信貫、荒葉、冬菇、小粒
71〜	20	80			家庭料理、贈答	外食産業、給食、宅配、惣菜、加工	香信	厚肉大葉	中厚肉、信貫、スライス
81〜	25	75			家庭料理、贈答	外食、給食、宅配、惣菜、加工	香信（小型包装）	厚肉大葉	味付缶詰、水煮レトルト
86〜	16	23	11	50	家庭料理、贈答	外食、給食、宅配、惣菜、加工	香信	香信、厚肉大葉、大冬菇	荒葉、スライス、小茶撰
91〜	6	25	8	65	家庭料理、贈答	外食、給食、宅配、惣菜、加工	香信、中国産	香信、大冬菇	荒葉、スライス、小茶撰、中国産

国産、中国産の市場入札（輸入）、卸売、小売価格

1　国産

2001（平成13）年、日椎連調べ

家庭用

品柄	等級	落札価格（円/kg）	パッカー			一次問屋	二次問屋	小売店	小売価格（円/kg）
			出荷経費（円/kg）	利益率（%）		利益率（%）	利益率（%）	利益率（%）	
香信	上級（15g）	5,500	3,000	15	小売店	3	12	35	8,955
					量販店	10		35	8,539
	並級（100g）	3,000	1,000	10	小売店	3	12	35	3,769
					量販店	10		35	3,594
冬菇	上級（30g）	5,000	1,800	15	小売店	3	12	35	6,806
					量販店	10		35	6,489
	並級（100g）	3,000	1,000	10	小売店	3	12	35	3,426
					量販店	10		35	3,267

贈答用

品柄	等級	落札価格（円/kg）	パッカー			一次問屋	小売店	小売価格（円/kg）
			出荷経費（円/kg）	利益率（%）		利益率（%）	利益率（%）	
香信	上級（147g）	6,000	3,600	25	小売店	12	30	17,472
					量販店	10	30	17,160
	並級（200g）	5,000	3,300	25	小売店	12	30	15,106
					量販店	10	30	14,836
花冬菇	（100g）	9,000	5,800	25	小売店	12	30	26,936
					量販店	10	30	26,455
冬菇	上級（242g）	7,500	3,800	25	小売店	12	30	20,566
					量販店	10	30	20,199
	並級（84g）	4,500	5,000	25	小売店	12	30	17,290
					量販店	10	30	16,981

業務用

品柄	等級	落札価格（円/kg）	パッカー			一次問屋	小売価格（円/kg）
			出荷経費（円/kg）	利益率（％）		利益率（％）	
香信	上級	5,000	500	20	加工用	8	7,128
					給食用	13	7,458
					外食用	16	7,656
	並級	2,000	500	20	加工用	8	3,240
					給食用	13	3,390
					外食用	16	3,400
冬菇	上級	5,300	500	20	加工用	8	7,517
					給食用	13	7,865
					外食用	16	8,074
	並級	4,000	500	20	加工用	8	5,832
					給食用	13	6,102
					外食用	16	6,264

輸出用

品柄	等級	落札価格（円/kg）	パッカー		一次問屋（輸入業者）	二次問屋（海味商）	小売価格（円/kg）
			出荷経費（円/kg）	利益率（％）	利益率（％）	利益率（％）	
冬菇	並級	5,000	500	7	8	30	8,263
香信	並級	3,000	500	7	8	30	5,258

2　中国産

2001（平成13）年、日椎連調べ

家庭用

品柄	等級	仕入価格（円/kg）	パッカー			一次問屋	二次問屋	小売店	小売価格（円/kg）
			出荷経費（円/kg）	利益率（%）		利益率（%）	利益率（%）	利益率（%）	
香信	上級（15g）	2,000	3,000	15	小売店	3	12	35	8,955
					量販店	10		35	8,539
	並級（100g）	1,200	1,000	10	小売店	3	12	35	3,769
					量販店	10		35	3,594
冬菇	上級（30g）	2,000	1,800	15	小売店	3	12	35	6,806
					量販店	10		35	6,489
	並級（100g）	1,000	1,000	10	小売店	3	12	35	3,426
					量販店	10		35	3,267

業務用

品柄	等級	仕入価格（円/kg）	パッカー			一次問屋	小売価格（円/kg）
			出荷経費（円/kg）	利益率（%）		利益率（%）	
香信	上級	2,000	500	15	加工用	8	3,105
					給食用	13	3,249
					外食用	16	3,335
	並級	1,200	500	15	加工用	8	2,111
					給食用	13	2,209
					外食用	16	2,268
冬菇	上級	2,000	500	15	加工用	8	3,105
					給食用	13	3,249
					外食用	16	3,335
	並級	1,500	500	15	加工用	8	2,484
					給食用	13	2,599
					外食用	16	2,668

乾しいたけ関連統計（参考・生鮮きのこ類）

西暦（年）	和暦（年）	乾しいたけ						生鮮きのこ類	
		生産量（t）	生産単価（kg当たり円）	生産額（千円・百万円）	輸出量（t）	輸入量（t）	購入量（1世帯当たりg）	生産量（t）	購入量（1世帯当たりg）
1868	明治元				218				
1869	2				207				
1870	3				268				
1871	4				295				
1872	5				311				
1873	6				311				
1874	7				315				
1875	8				375				
1876	9				512				
1877	10				527				
1878	11				472				
1879	12				509				
1880	13				746				
1881	14				649				
1882	15				451				
1883	16				459				
1884	17				536				
1885	18				564				
1886	19				848				
1887	20				854				
1888	21				1,111				
1889	22				937				
1890	23				1,042				
1891	24				929				

西暦（年）	和暦（年）	乾しいたけ						生鮮きのこ類	
		生産量（t）	生産単価（kg当たり円）	生産額（千円・百万円）	輸出量（t）	輸入量（t）	購入量（1世帯当たりg）	生産量（t）	購入量（1世帯当たりg）
1892	25				828				
1893	26				784				
1894	27				803				
1895	28				816				
1896	29				1,037				
1897	30				881				
1898	31				728				
1899	32				736				
1900	33				719				
1901	34				940				
1902	35				895				
1903	36				930				
1904	37				1,316				
1905	38	963	0.89	857	1,065				
1906	39	901	1.03	925	1,283				
1907	40	1,113	0.93	1,032	976				
1908	41	971	1.13	1,097	785				
1909	42	1,287	1.18	1,523	1,017				
1910	43	1,242	1.15	1,434	1,051				
1911	44	1,262	1.25	1,578	862				
1912	大正元	1,224	1.28	1,567	983				
1913	2	1,225	1.40	1,715	1,081				
1914	3	1,330	1.24	1,649	1,183				
1915	4	1,210	1.20	1,452	1,103				
1916	5	1,447	1.24	1,794	1,444				
1917	6	1,307	1.84	2,405	1,495				
1918	7	1,238	2.62	3,243	1,222				
1919	8	1,200	3.79	4,548	950				
1920	9	1,069	3.47	3,709	687				
1921	10	879	3.93	3,454	443				
1922	11	817	3.90	3,186	533				
1923	12	839	3.98	3,339	482				
1924	13	987	4.09	3,219	584				
1925	14	852	4.00	3,408	713				

西暦（年）	和暦（年）	乾しいたけ						生鮮きのこ類	
		生産量（t）	生産単価（kg当たり円）	生産額（千円・百万円）	輸出量（t）	輸入量（t）	購入量（1世帯当たりg）	生産量（t）	購入量（1世帯当たりg）
1926	昭和元	981	3.03	2,972	950				
1927	2	871	2.97	2,588	1,026				
1928	3	985	3.30	3,251	579				
1929	4	1,043	2.92	3,045	573				
1930	5	1,021	2.55	2,604	577				
1931	6	1,155	2.33	2,691	474				
1932	7	1,146	2.16	2,475	505				
1933	8	1,291	2.25	2,904	688				
1934	9	1,461	2.47	3,608	784				
1935	10	1,554	2.76	4,289	1,008				
1936	11	1,828	3.01	5,502	669				
1937	12	1,683	2.87	4,830	639				
1938	13	1,863	2.52	4,685	444				
1939	14	2,030	3.64	7,377	1,424				
1940	15	1,852	4.87	9,020	1,524				
1941	16	2,003			585				
1942	17	1,460	7.56	11,038	13				
1943	18	1,623			286				
1944	19	1,219			233				
1945	20	807	13.17	10,622	126				
1946	21	495	64.00	31,673	10				
1947	22	674	144.53	97,468	242				
1948	23	980	293	287,204	195				
1949	24	934	629	588（以下百万円）	379				
1950	25	1,412	533	752	957				
1951	26	2,090	750	1,568	1,040				
1952	27	2,699	1,728	4,664	1,449				
1953	28	2,804	1,693	4,747	1,493				
1954	29	2,234	800	1,787	860				
1955	30	3,725	800	2,980	980				
1956	31	3,389	1,147	3,887	1,103				
1957	32	2,439	1,068	2,605	622				
1958	33	2,804	1,200	3,364	921				

西暦（年）	和暦（年）	乾しいたけ						生鮮きのこ類	
		生産量（t）	生産単価（kg当たり円）	生産額（千円・百万円）	輸出量（t）	輸入量（t）	購入量（1世帯当たりg）	生産量（t）	購入量（1世帯当たりg）
1959	34	2,697	1,377	3,714	847				
1960	35	3,431	1,408	4,831	1,131		179	8,901	
1961	36	4,912	1,060	5,206	1,501		181	11,895	
1962	37	5,514	881	4,859	1,843		198	13,537	
1963	38	5,837	1,016	5,930	1,934		215	17,408	
1964	39	4,836	1,720	8,318	1,167		209	19,166	
1965	40	5,371	1,928	10,356	1,201		159	22,051	
1966	41	5,040	1,945	9,803	897		131	25,924	
1967	42	6,250	2,061	12,881	1,259		129	39,154	
1968	43	8,193	1,565	12,822	1,986		158	46,700	
1969	44	6,911	1,795	12,405	1,634		173	50,556	1,281
1970	45	7,997	2,470	19,753	1,643		185	57,453	1,282
1971	46	9,291	2,678	24,881	2,014	236	195	67,688	1,356
1972	47	9,711	2,327	22,597	1,726	153	220	87,746	1,500
1973	48	9,043	3,354	30,330	1,642	234	239	93,279	1,454
1974	49	12,262	2,697	33,071	2,640	74	326	105,919	1,655
1975	50	11,356	3,131	35,556	2,696	93	417	112,234	1,589
1976	51	11,189	4,354	48,717	2,018	180	398	119,363	1,685
1977	52	11,487	4,845	55,650	1,729	247	251	128,645	1,916
1978	53	12,669	4,007	48,120	2,710	158	252	145,248	1,989
1979	54	12,280	3,921	48,150	2,651	104	250	158,159	2,110
1980	55	13,579	3,847	52,238	3,104	76	235	162,856	4,339
1981	56	14,735	3,011	44,367	3,882	38	227	163,284	4,248
1982	57	12,560	4,387	55,101	3,446	133	210	160,937	4,199
1983	58	12,025	6,586	79,197	2,795	666	214	172,260	4,258
1984	59	16,685	4,199	70,060	4,087	47	214	186,616	4,627
1985	60	12,065	3,900	47,054	3,330	140	207	200,919	5,032
1986	61	14,098	3,114	43,901	3,538	124	206	215,851	5,265
1987	62	11,803	3,698	43,647	2,634	893	181	229,015	5,558
1988	63	11,888	3,089	35,727	1,865	1,866	197	237,558	5,629
1989	平成元	11,066	3,910	43,268	1,439	2,201	185	250,952	5,867
1990	2	11,238	3,782	42,502	1,568	2,404	193	264,416	5,930
1991	3	10,168	4,306	43,783	1,042	2,813	201	270,347	6,056
1992	4	10,036	4,194	42,091	790	4,799	194	283,250	6,414

西暦（年）	和暦（年）	乾しいたけ						生鮮きのこ類	
		生産量（t）	生産単価（kg当たり円）	生産額（千円・百万円）	輸出量（t）	輸入量（t）	購入量（1世帯当たりg）	生産量（t）	購入量（1世帯当たりg）
1993	5	9,299	3,381	21,440	696	7,200	190	285,251	6,722
1994	6	8,312	3,083	25,626	959	7,804	180	287,718	6,859
1995	7	8,070	2,562	20,675	544	7,539	163	302,788	7,037
1996	8	6,886	3,174	21,856	519	7,206	156	316,341	7,239
1997	9	5,786	4,245	24,562	280	9,400	163	327,196	7,577
1998	10	5,552	3,195	17,739	214	9,048	151	344,411	8,105
1999	11	5,582	2,810	15,685	156	9,146	123	349,780	7,914
2000	12	5,236	2,568	13,446	115	9,144	125	338,368	8,064
2001	13	4,964	2,532	12,569	151	9,253	120	345,819	8,104
2002	14	4,449	3,323	14,784	118	8,633	107	355,610	8,022
2003	15	4,108	4,090	16,802	79	9,127	102	365,869	7,800
2004	16	4,088	4,020	16,434	73	8,844	99	377,069	8,288
2005	17	4,091	3,306	13,525	85	8,375	113	387,843	8,480
2006	18	3,861	3,443	13,293	75	7,949	98	395,647	8,239
2007	19	3,566	4,305	15,352	69	7,700	99	416,635	8,468
2008	20	3,867	4,754	18,383	60	6,759	86	419,688	8,794
2009	21	3,597	4,128	14,848	53	6,086	75	431,041	9,194
2010	22	3,516	4,109	14,447	40	6,127	77	439,348	9,519

（注）

生産量：林野庁統計

生産単価：1905〜1958 年　大分県椎茸農協『百周年記念誌』調べ
　　　　　1959〜2010 年　日椎連販売単価

生産額：生産量 × 生産単価

輸出・輸入量：貿易統計

購入量：総務庁（家計調査）統計

生鮮きのこ生産量：
- 1960〜66 年　生しいたけ、なめこ
- 1967〜73　生しいたけ、なめこ、えのきたけ
- 1974〜78　生しいたけ、なめこ、えのきたけ、ひらたけ
- 1979〜80　生しいたけ、なめこ、えのきたけ、ひらたけ、ぶなしめじ
- 1981〜95　生しいたけ、なめこ、えのきたけ、ひらたけ、ぶなしめじ、まいたけ
- 1996〜　さらに、えりんぎが加えられた

生鮮きのこ購入量：
- 1969〜79 年　生しいたけ
- 1980〜　生しいたけ、その他のきのこ

乾しいたけの種類

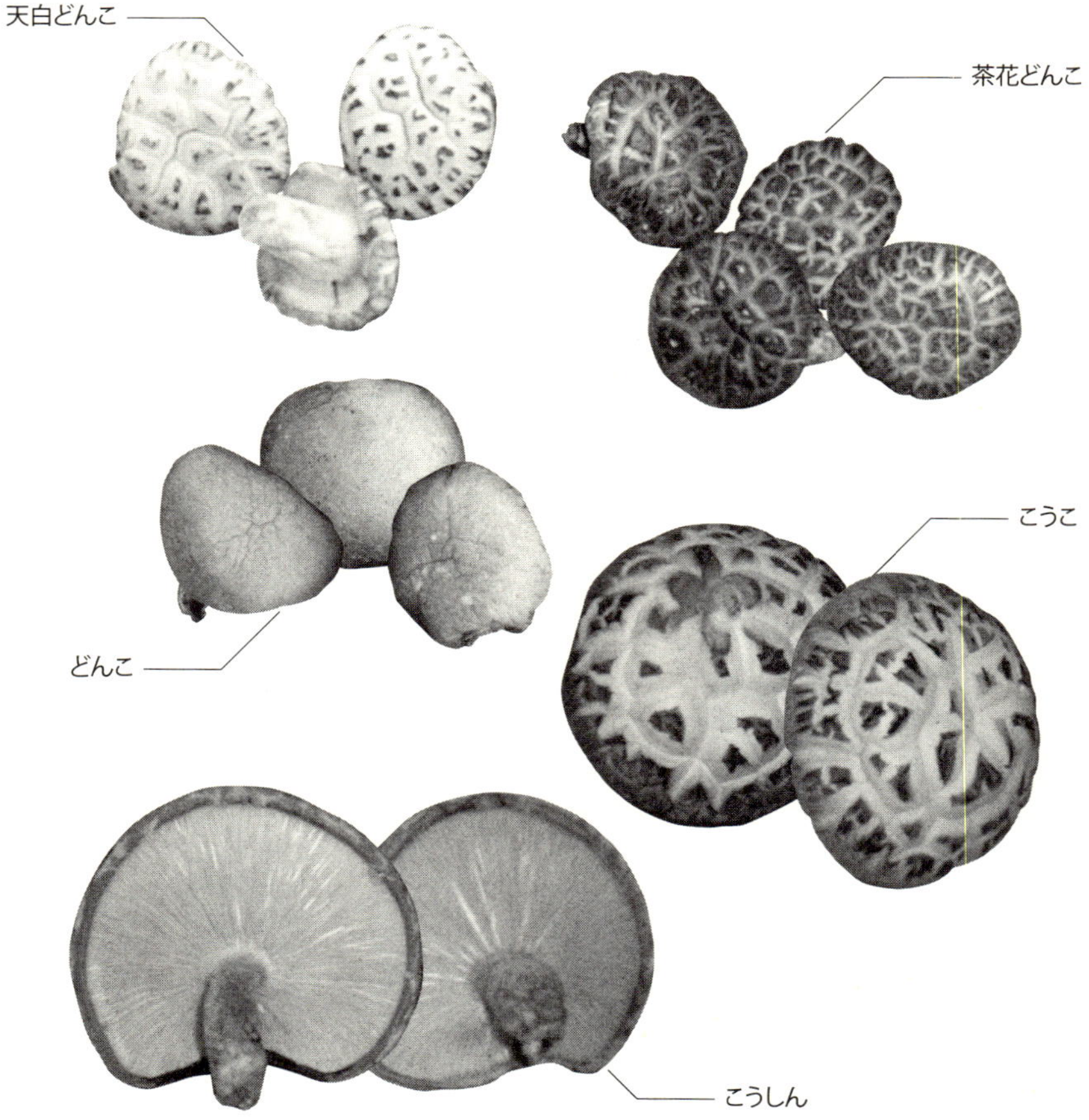
天白どんこ
茶花どんこ
どんこ
こうこ
こうしん

参考・引用文献

『典座教訓』　1237年　道元（平野正章訳）
『旅愁』　1937年　横光利一
『料理心得帳』（椎茸船）　辻嘉一
『椎蕈栽培ニ関スル研究』　明治43年　三村鐘三郎
『大阪乾物商誌』　昭和8年　大阪乾物商同業組合
『シイタケの研究』　昭和38年　森喜作
『週刊椎茸通信』　昭和28年～49年　日本椎茸農業協同組合連合会
『中国食物史』　昭和49年　篠田統
『椎茸きのこ年鑑』（1975年版）　昭和49年　日本海苔食品新聞社
『シイタケ栽培の史的研究』　昭和58年　中村克也
『マッシュルーム・ドリーム』　昭和63年　福原寅夫
『キノコへの招待』（第一部～第四部）　福原寅夫
『大分椎茸栽培の言い伝え』　平成3年　桑野功
『中国香菇栽培歴史与文化』　1993年　張寿橙、頼敏男
『日本食物史（上）』（古代から中世）　平成6年　桜井秀・足立勇
『しいたけの今日明日』　平成7年　小川武廣
『続しいたけの今日明日』　平成9年　小川武廣
『日椎連50年の歩み』　平成10年　日本椎茸農業協同組合連合会
『よみがえれ椎茸』　平成12年　小川武廣
『特用林産物流通改善等促進事業報告書』　平成13年　日本特用林産振興会

『日中乾椎茸業界交流会の概要報告』 平成13年 日本産・原木乾しいたけをすすめる会
『乾しいたけの生産・流通・消費実態調査報告書』 平成14年 日本特用林産振興会
『きのこと食育』 服部津貴子・日本特用林産振興会
『なぜ今、日本産乾しいたけなのか』 日本産・原木乾しいたけをすすめる会
『しいたけ倶楽部』 日本特用林産振興会
『百周年記念誌』 平成21年 大分県椎茸農業協同組合
『日本食物史』 平成21年江原絢子・石川尚子・東四柳祥子
『乾しいたけの食文化』 平成21年 小川武廣
『香菇春秋』 2009年 甘長飛
『フリー百科事典・ウィキペディア』

おわりに

もう、今から30数年前になるが、当時、全国特用林産振興会会長をしていた伊藤清三さんと話す機会があった。伊藤さんは戦前から１９６５（昭和40）年頃まで30年近くも林野庁で特用林産にかかわってきた大先輩である。

当時、日椎連は発足して30年を経過し、日椎連史の取りまとめの声が出ていた。そんなこともあって、伊藤さんにご指導をいただきたいとお願いしたところ、一団体のことよりも乾しいたけの産業史を書くべきで、そのなかには必ず日椎連もでてくるからと窘《たしな》めともいえるアドバイスをいただいた。

しばらくして伊藤さんは逝去され、気になりながらも、そのときは手をつけずじまいであった。

それから時は流れ、２００１（平成13）年だったと思うが、元大分県きのこ研究所長の古川久彦さんから、「乾しいたけ産業史」を一緒に書かないかとのお誘いを受けた。執筆項目目次までいただいたが、このときも具体化までには至らなかった。

そのあと、アサヒ物産㈱会長の福原寅夫さんからも共同執筆の話はあったが、間もなく亡くなられ、それも立ち消えになっていた。

08（平成20）年になって、今度は全国食用きのこ種菌協会の事務局長をしていた西谷嘉寿夫さんから、大日本山林会の『山林』に書いてみたらと勧められ、「乾しいたけの食文化」の題で09（平成21）年7月から翌年3月まで9回にわたって乾しいたけの全体像を連載した。

09（平成21）年夏、たまたま、商品流通に詳しい作新学院大学教授・篠原一寿さんと会食していた折、篠原さんから、乾しいたけの〝語り部〟になりなさいとおだてられ、業界のために、何か役に立てればと思っていた矢先、日本特用林産振興会（日特振）情報誌『特産情報』編集長の大橋等さんから、乾しいたけ産業史執筆の依頼が舞い込んだ。

ただ、産業史では食文化的視点が欠けるのが気になり、思案の結果、「千年の歴史をひもとく」と題し、9世紀に中国から乾しいたけの食文化が入ってきて以来の乾しいたけにかかわる主要な出来事を、年代ごとに可能な限り詳述することにした。

書き始めてみると乾しいたけに関する文献・資料が少ないことに改めて気づかされたが、とりわけ流通・消費については、明治以前はもちろんのこと、明治以降も資料があまり見当たらなかったので推測で記述したところもある。

乾しいたけの過去千年のすべてを要約すべく心を砕いたが、見落とした出来事や事実関係の誤認、間違いがあればぜひご指摘をいただきたい。

なお、本稿原文は『特産情報』10（平成22）年1月号から12（平成24）年10月号（予定）まで連載中で、本稿は、それに加筆修正した。

本稿をまとめるに当たって、40数年来、畏敬する中村清さん（元会計検査院長で詩、短歌に造詣が深い）には、身に余る「推薦のことば」にとどまらず、文章構成についても親身あふれる辛口のご批判、ご助言を頂戴し、只々感謝を申し上げるほかない。

最後に、資料収集や事実関係の検証にご協力をいただいた林野庁の柴田章道さん、中尾康生さん、蓮香直子さん、浅浦宏美さん、古川久彦元大分県きのこ研究所長、中沢武日本きのこ研究所常務理事、殿村元二郎全椎商連理事長、元永島商店・永島忠さん、三共椎茸・増田敏晴さん、華福寿オーナー久保木武行さん、日椎連の岩川尚美会長、関本義仁さん、小池円さん、農業経済新聞の樋口雅巳社長、吉野さつきさん、元大分県椎茸農業協同組合の桑野功さん、日本特用林産振興会の村上令司さん、大野絹子さん、元日本特用林産振興会の古谷正人さん、特産情報編集長の大橋等さん、近在の萩原恵子さん、そして中国・浙江省慶元県の甘張飛さん、北京、中国社会科学院の曹斌さんに心からお礼を申し上げる。とりわけ桑野さんには本文の修正補足や資料提供、村上令司さんには資料収集から校正までの手伝いをいただき、深謝したい。

また、装丁・デザインを担当してくださったパルテノス・クリエイティブセンターの野上幸徳さん、稲田志保さん、編集協力の中島万紀さん、ならびに女子栄養大学出版部の皆さんにもお礼を申し上げたい。

２０１２年７月

小川武廣

小川武廣（おがわ・たけひろ）

日本椎茸農業協同組合連合会顧問。きのこアドバイザー。日本産・原木乾しいたけをすすめる会顧問。

昭和3年、奈良県生まれ。京都大学農学部林学科卒業。

昭和28〜53年、林野庁（うち5年半、農林水産航空協会、群馬県に出向）、昭和53〜平成23年、日本椎茸農業協同組合連合会、同連合会会長などを経て、現在に至る。

日本きのこ研究所理事、森喜作記念椎茸振興基金運営委員なども歴任。

著書・随筆
『しいたけの今日・明日』『続しいたけの今日・明日』『よみがえれ椎茸』『西東京市北東地域の自然と文化（共著）』『庭の四季（小川家の植物誌）』『森のことは森に訊け』『スギやヒノキに罪はない』

乾しいたけ
千年の歴史をひもとく

2012年 7 月30日　初版第 1 刷発行

著　　者　小川武廣
発 行 者　香川達雄
発 行 所　女子栄養大学出版部

〒170-8481　東京都豊島区駒込3-24-3
電話　03-3918-5411（営業）　03-3918-5301（編集）
http://www.eiyo21.com
振替　00160-3-84647

印刷・製本　凸版印刷株式会社

ISBN978-4-7895-5451-0